W0317931

Duden

Jetzt werde ich Mathe-Champion

2. Klasse

4., überarbeitete Auflage

Dudenverlag
Berlin

Quellenverzeichnis

Deutsche Bundesbank, Frankfurt am Main:
S. 70, 111

Bibliografische Information der Deutschen Nationalbibliothek
Die Deutsche Nationalbibliothek verzeichnet diese Publikation in der Deutschen Nationalbibliografie; detaillierte bibliografische Daten sind im Internet über http://dnb.dnb.de abrufbar.

Das Wort **Duden** ist für den Verlag Bibliographisches Institut GmbH als Marke geschützt.

 D C B A
Bibliographisches Institut GmbH
Mecklenburgische Straße 53, 14197 Berlin

Redaktionelle Leitung: Constanze Schöder
Redaktion: Eva Günkinger
Autorinnen: Ute Müller-Wolfangel und Beate Schreiber
Gutachterinnen: Prof. Dr. Elsbeth Stern, Barbara Hohl-Krähenbühl

Herstellung: Uwe Pahnke
Layout: Bachmann Design, Weinheim
Illustration: Barbara Scholz und Sandra Reckers
Umschlaggestaltung: 2issue, München
Umschlagillustration: Shutterstock (MarinaMay), Sandra Reckers
Satz: Bachmann Design, Weinheim
Druck und Bindung: M. P. Media Print Informationstechnologie GmbH, 33100 Paderborn

Printed in Germany
ISBN: 978-3-411-72694-3

www.duden.de

Jetzt gehts los!

In diesem Buch findest du die wichtigsten Inhalte des Mathematikunterrichts in der 2. Klasse. Es ist in fünf große Kapitel aufgeteilt. Du erkennst sie an den Farben und an den kleinen Bildern in der Kopfzeile:

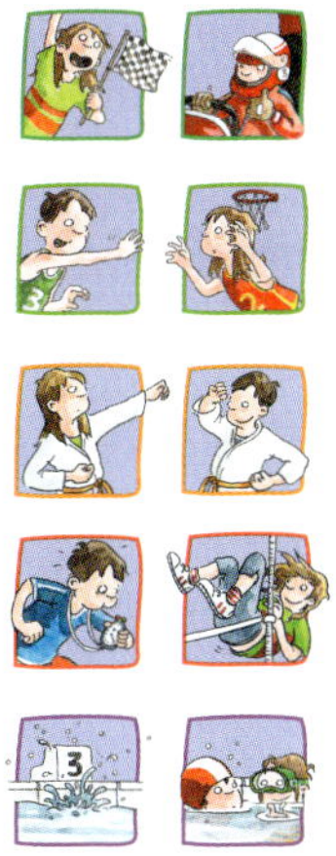

- Zahlen und Grundrechenarten
- Raum und Form
- Muster und Strukturen
- Größen und Messen
- Daten und Sachsituationen

Die Kinder auf diesen kleinen Bildern begleiten dich durch den ganzen Band. Sie zeigen dir, dass es beim Lernen nicht viel anders zugeht als im Sport. Wer eine Sportart richtig gut beherrschen will, muss die wichtigsten Techniken und Spielregeln kennen und dann viel üben und trainieren.

Wissen
Üben
Testen

Wenn du alle Übungen einer Doppelseite gelöst und mit dem **Lösungsheft** überprüft hast, kannst du das **Daumenkino**-Bild am rechten Seitenrand ausmalen. So behältst du immer den Überblick darüber, welche Seiten du schon bearbeitet hast.

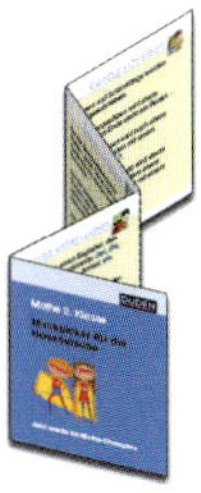

Beim erfolgreichen Training unterstützen dich die **Lernwerkzeuge** auf der hinteren Ausklappseite und die Liste der wichtigsten **Fachbegriffe** im Anhang. Außerdem findest du auf der vorderen Ausklappseite das wichtigste Regelwissen zum Wiederholen und schnellen Nachlesen im **Minispicker** für die Hosentasche.

Inhaltsverzeichnis

Größen und Messen

Geld

Längen

Zeit

Daten und Sachsituationen

Daten und Sachsituationen

Zufallsexperimente

Arbeitstipps

Der Arbeitsplatz

- Suche dir einen ruhigen Arbeitsplatz.
- Stelle dir etwas zu trinken bereit.
- Sorge für einen aufgeräumten Arbeitsplatz.
- Lege deine Arbeitsmaterialien bereit.

Die Arbeitsweise

- Finde deine beste Übungszeit heraus.
- Übe regelmäßig.
- Suche dir aus, was du üben willst.
- Teile dir den Übungsstoff gut ein: nicht zu viel und nicht zu wenig.
- Arbeite konzentriert.
- Vergiss die Pausen nicht.
- Überprüfe deine Ergebnisse.
- Zeige anderen, was du geleistet hast.

Zahlen und Grundrechenarten

- auf einen Papier- oder Pappstreifen einen Zahlenstrahl aufmalen
- aus dem Bau- oder Möbelmarkt ein Maßband mitnehmen
- eine Schnur mit hundert Perlen, Knöpfen ... auffädeln
- die Kernaufgaben des kleinen Einmaleins üben
- mit zwei Würfeln zweistellige Zahlen bilden und vergleichen

Raum und Form

- Formen in der Umwelt suchen und abmalen
- Körperformen in der Umwelt entdecken und aufmalen
- Klatschbilder zur Symmetrie herstellen
- symmetrische Figuren in der Umwelt entdecken

Muster und Strukturen

- Muster erfinden und auf kariertes Papier zeichnen
- Muster in Tapetenbüchern aufspüren
- Muster abzeichnen (z. B. Fliesenmuster)
- Eine Geheimsprache mit Zahlen erfinden

Größen und Messen

- Rechengeld auf der Bank besorgen
- Einkaufen spielen
- Spielzeugkataloge besorgen und mit Spielgeld die Geldbeträge legen
- mit dem Metermaß Gegenstände abmessen und aufschreiben
- eine Uhr basteln
- Zeitdauer schätzen (z. B. eine Minute auf einem Bein stehen)

Daten und Sachsituationen

- ein Lernplakat mit den Lösungsschritten für Textaufgaben herstellen
- Strichlisten führen: Autos zählen (nach Farbe, Automarke, Kennzeichen ...), Spielzeug zählen (Autos, Bauklötze, Kuscheltiere ...), Bücher zählen (nach Größe, Farbe, Inhalt ...)

Zahlen aufschreiben

Wissen und Verstehen

Unser Zahlensystem ist ein **Zehnersystem.**

Im Zahlenraum bis 100 werden 10 Einer (■) zu einem Zehner (| oder —) gebündelt: ■■■■■ ■■■■■ → | oder —.
10 Zehner werden zu einem Hunderter (□) gebündelt: ||||| ||||| → □.

Die Zahl 27 besteht aus 2 Zehnern und 7 Einern: || ■■■■■ ■■.
Die Zahl 72 besteht aus 7 Zehnern und 2 Einern: ||||| || ■■.

So kannst du Zahlen in eine **Stellenwerttafel** eintragen:

Hunderter (H)	Zehner (Z)	Einer (E)
0	2	7

Hunderter (H)	Zehner (Z)	Einer (E)
0	7	2

Üben 1 Ergänze. Was fällt dir auf?

||| ■■■■
34 ....

|||| ■■■
43 ....

76

67

Üben 2 Zu jedem Zahlwort gehört eine Zahl.

	Z	E
sechsundvierzig	4	6
einundsiebzig	7	1
neununddreißig	3	9
vierundneunzig	9	4

Üben 3 Schreibe jede Zahl als Plusaufgabe.

Z	E	
6	1	60 + 1 = 61
9	7	90 + 7 = 97
2	5	20 + 5 = 25

Z	E	
4	0	40 + 0 = 40
5	6	50 + 6 = 56
8	9	80 + 9 = 89

Üben 4 Fülle die Tabelle aus.

47	35	62	74	83
IIII ■■■■■ ■■	III □□□	IIIIII ■■	IIIIIII □□□□	IIIIIIII □□□
4 Z 7 E	3 Z 5 E	6 Z 2 E	7 Z 4 E	8 Z 3 E
40 + 7	30 + 5	60 + 2 =	70 + 4	80 + 3

Wissen und Verstehen

Zahlen kannst du miteinander vergleichen. Dafür gibt es drei Zeichen:

< ist kleiner als	> ist größer als	= gleich
67 < 89	23 > 13	34 = 34

So kannst du Zahlen der Größe nach ordnen.

Von klein nach groß: 8 < 13 < 23 < 34 < 45 < 67 < 89

Von groß nach klein: 89 > 67 > 45 > 34 > 23 > 13 > 8

Üben 1

Ordne die Zahlen von klein nach groß. Schreibe sie geordnet auf die Schilder.

Üben 2

Vergleiche die Zahlen miteinander. Setze <, > oder = ein.

27 > 19	75 ◯ 57	100 ◯ 0	53 ◯ 39
30 ◯ 38	92 ◯ 29	37 ◯ 89	72 ◯ 72

Wissen und Verstehen

In einer **Hundertertafel** stehen alle Zahlen von 1 bis 100. Jede Zahl hat ihren festen Platz.

Immer 10 Zahlen stehen in einer Reihe und 10 Reihen stehen untereinander (Zehnersystem).

1	2	3	4	5	6	7	8	9	10
11	12	13	14	15	16	17	18	19	20
21	22	23	24	25	26	27	28	29	30
31	32	33	34	35	36	37	38	39	40
41	42	43	44	45	46	47	48	49	50
51	52	53	54	55	56	57	58	59	60
61	62	63	64	65	66	67	68	69	70
71	72	73	74	75	76	77	78	79	80
81	82	83	84	85	86	87	88	89	90
91	92	93	94	95	96	97	98	99	100

Üben 1 Suche alle passenden Zahlen in der Hundertertafel.

Zahlen mit
8 Einern:
8, 18, 28, ...
....

Zahlen mit
3 Einern:
....
....

Zahlen mit
5 Zehnern:
....
....

Üben 2 Schau die Hundertertafel an.

Was fällt dir bei den Zahlen auf, die

nebeneinanderstehen? ....

untereinanderstehen? ....

Was entdeckst du, wenn du die Diagonalen anschaust?

....

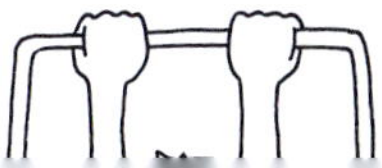

Zahlen in der Hundertertafel finden

Üben 3 Auf welchen Feldern der Hundertertafel liegen die Plättchen? Schreibe die Zahlen auf die Plättchen.

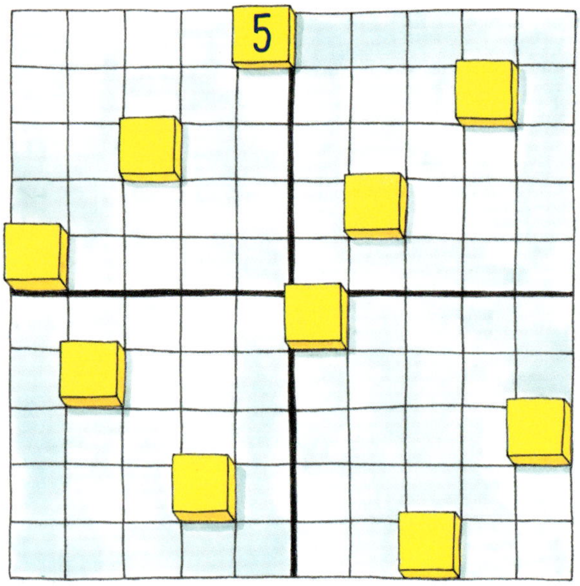

Üben 4 Trage zu den Zahlen von Üben 3 die Nachbarzahlen in die Hundertertafel ein.

Üben 5 Das sind Ausschnitte aus der Hundertertafel. Ergänze. Die Entdeckungen von Üben 2 helfen dir.

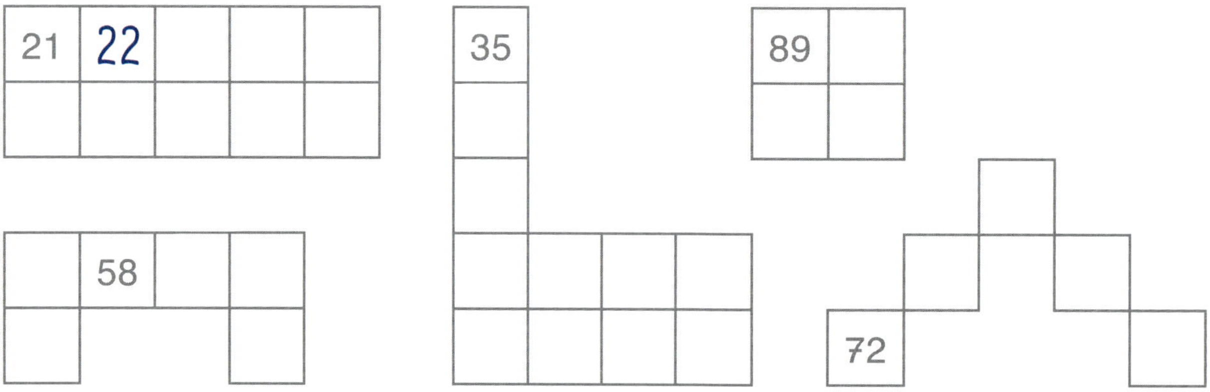

Wissen und Verstehen

Auf einem **Zahlenstrahl** sind die Zahlen hintereinander angeordnet.

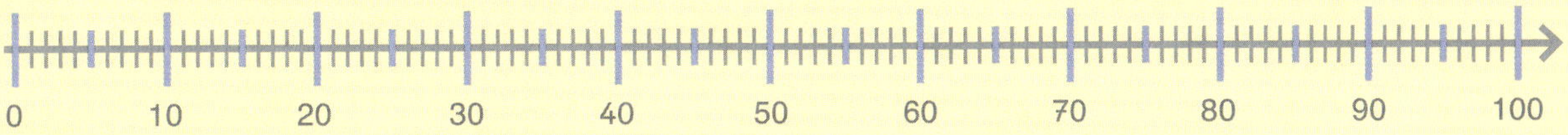

Zahlen kannst du auch an einem **Zahlenstrich** darstellen.

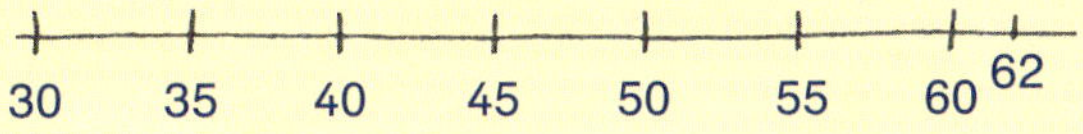

Üben 1 Lies die Zahlen ab und trage sie ein.

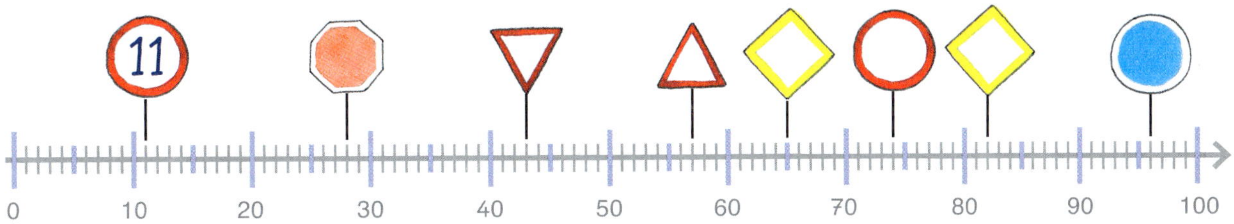

Üben 2 Markiere die Zahlen auf dem Zahlenstrahl.

31 45 ~~19~~ 74 89 66 52 93

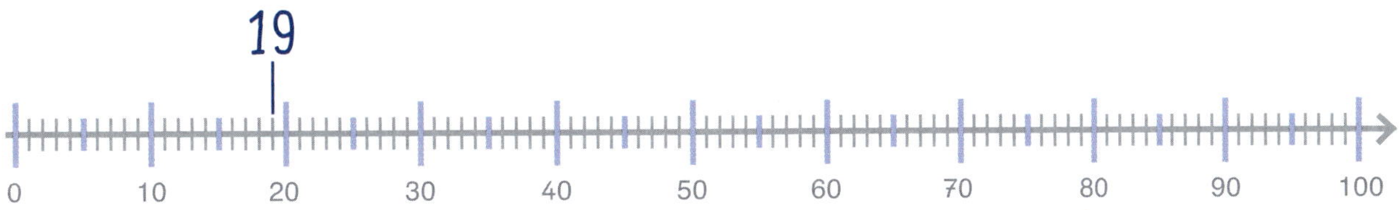

Zahlen darstellen

Üben 3 Zwischen welchen Zehnern liegen diese Zahlen?

Trage jede Zahl mit ihren Nachbarzehnern auf dem Zahlenstrahl ein.

~~27~~ 84 62 48 93

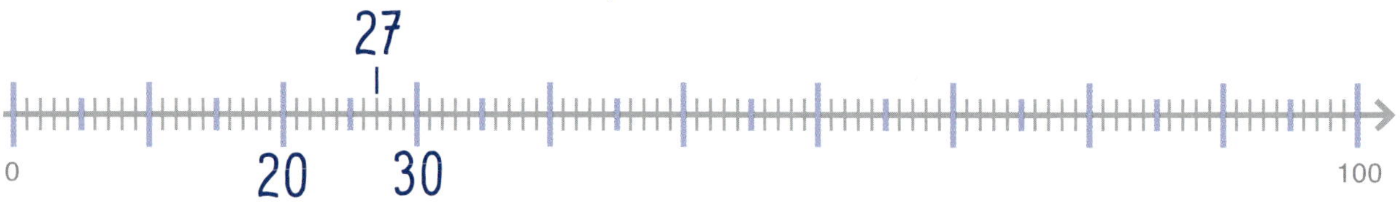

39 16 94 89 46

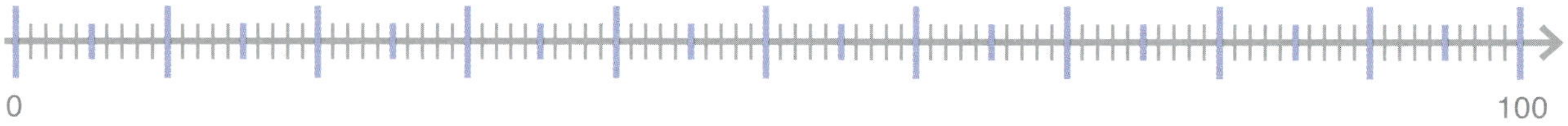

Üben 4 Stelle die Zahlen am Zahlenstrich dar.

50 59 60

25 35 30

80 64 65

Üben 5 Welche Zahl liegt in der Mitte?

30 ___ 70

25 ___ 35

59 ___ 63

88 ___ 100

Wissen und Verstehen

In einem **Hunderterfeld** können Zahlen abgelesen werden. Das ist gar nicht so einfach, weil nur Punkte gezeichnet sind.

Die Zahlen kannst du schneller mithilfe eines Abdeckstreifens lesen.

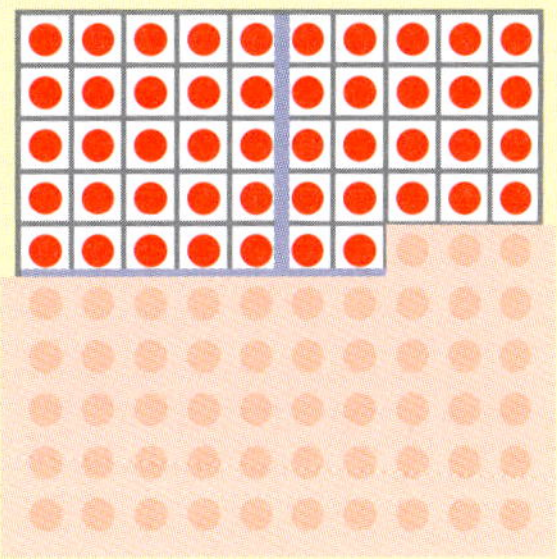

47

Üben 1

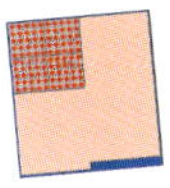

Schneide das rote Hunderterfeld und den Abdeckwinkel von der Ausklappseite aus. Lege den Abdeckwinkel so auf, dass du die Zahlen 17, 32, 56, 79, 23, 65, 97, 48 ablesen kannst.

Üben 2

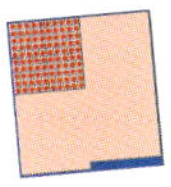

Gesucht sind drei Zahlen aus dem Hunderterfeld.

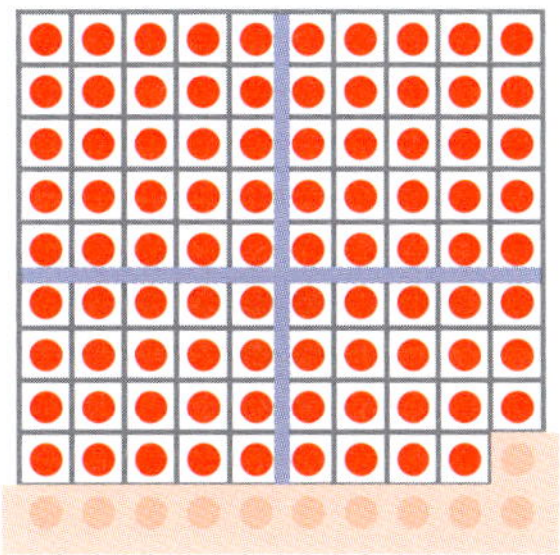

....

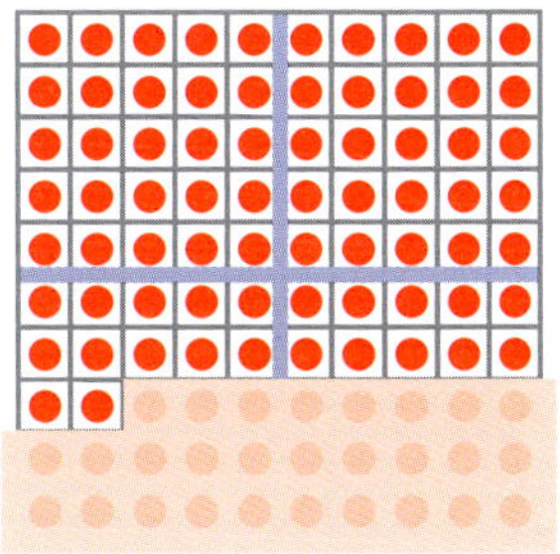

....

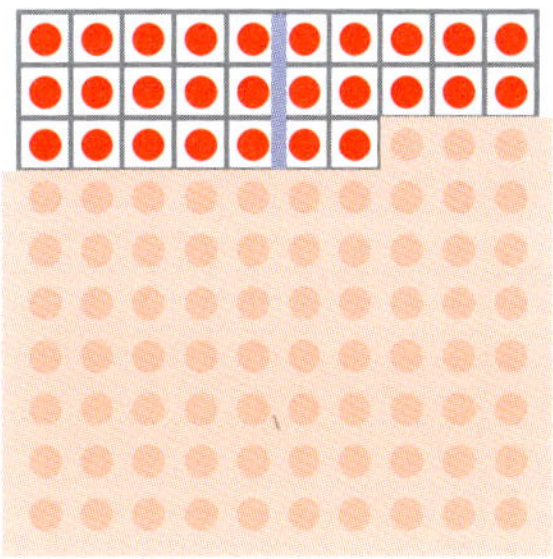

....

Zwei Zahlen gesucht! — Extrarunde

Meine Zahlen sind größer als 35, aber kleiner als 47. Sie sind gerade Zahlen. Ein Nachbar heißt 45. Welche Zahlen können es sein?

Einstellige Zahlen addieren

Wissen und Verstehen

Bei Plusaufgaben mit Einern kannst du zuerst die **„leichte" Aufgabe (Analogieaufgabe)** rechnen.

Aufgabe:	43 + 5 = **48**
„leichte" Aufgabe:	3 + 5 = 8
	43 + 5 = 48

Rechenweg 1: Bei Aufgaben mit Zehnerübergang kannst du so rechnen:

Aufgabe:	65 + 7 = **72**
„leichte" Aufgabe:	5 + 7 = 12
	60 + 12 = 72

Rechenweg 2: Oder du rechnest zuerst bis zum Zehner und dann weiter.

65 + 7 = **72**
65 + 5 = 70
70 + 2 = 72

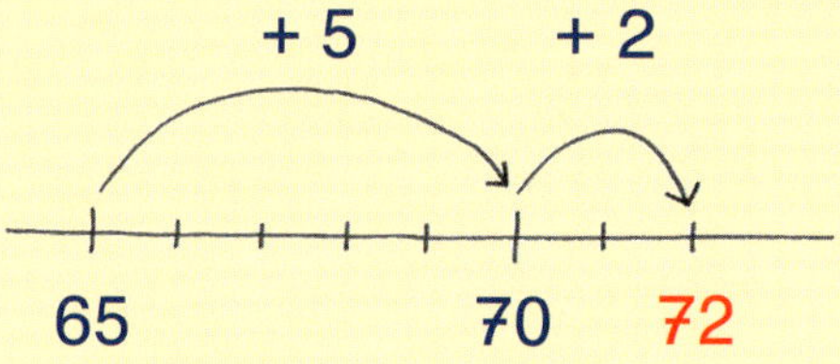

Rechenstrich

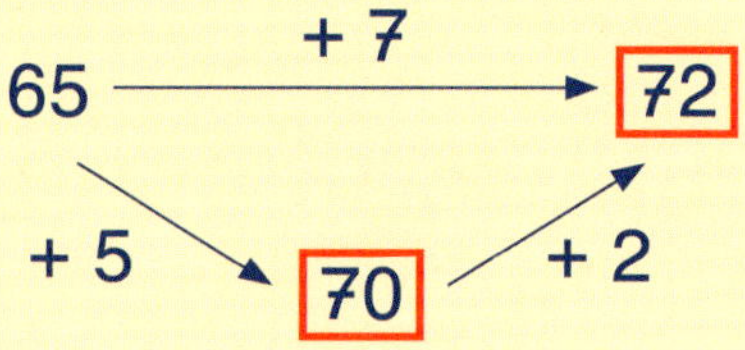

Pfeilbild

Üben 1

Zu jeder „leichten" Aufgabe gehören zwei Aufgabenkärtchen. Färbe sie ein und rechne aus. Erfinde noch passende Aufgaben.

3 + 6 = ...9...

8 + 3 = ...

.... = ...

68 + 3 = ...

92 + 5 = ...

2 + 5 = ...

.... = ...

53 + 6 = ..59..

23 + 6 = ..29..

32 + 5 = ...

.... = ...

48 + 3 = ...

Üben 2 Rechne in zwei Schritten.

37 + 8 = 45
37 + 3 + 5 = 45

49 + 7 = ...
49 + ... + ... = ...

76 + 9 = ...
76 + ... + ... = ...

68 + 6 = ...
.... + ... + ... = ...

27 + 5 = ...
.... + ... + ... = ...

85 + 7 = ...
.... + ... + ... = ...

Üben 3 Wähle deinen Rechenweg. Rechne die erste Aufgabe aus. Das Ergebnis ist die erste Zahl der nächsten Aufgabe.

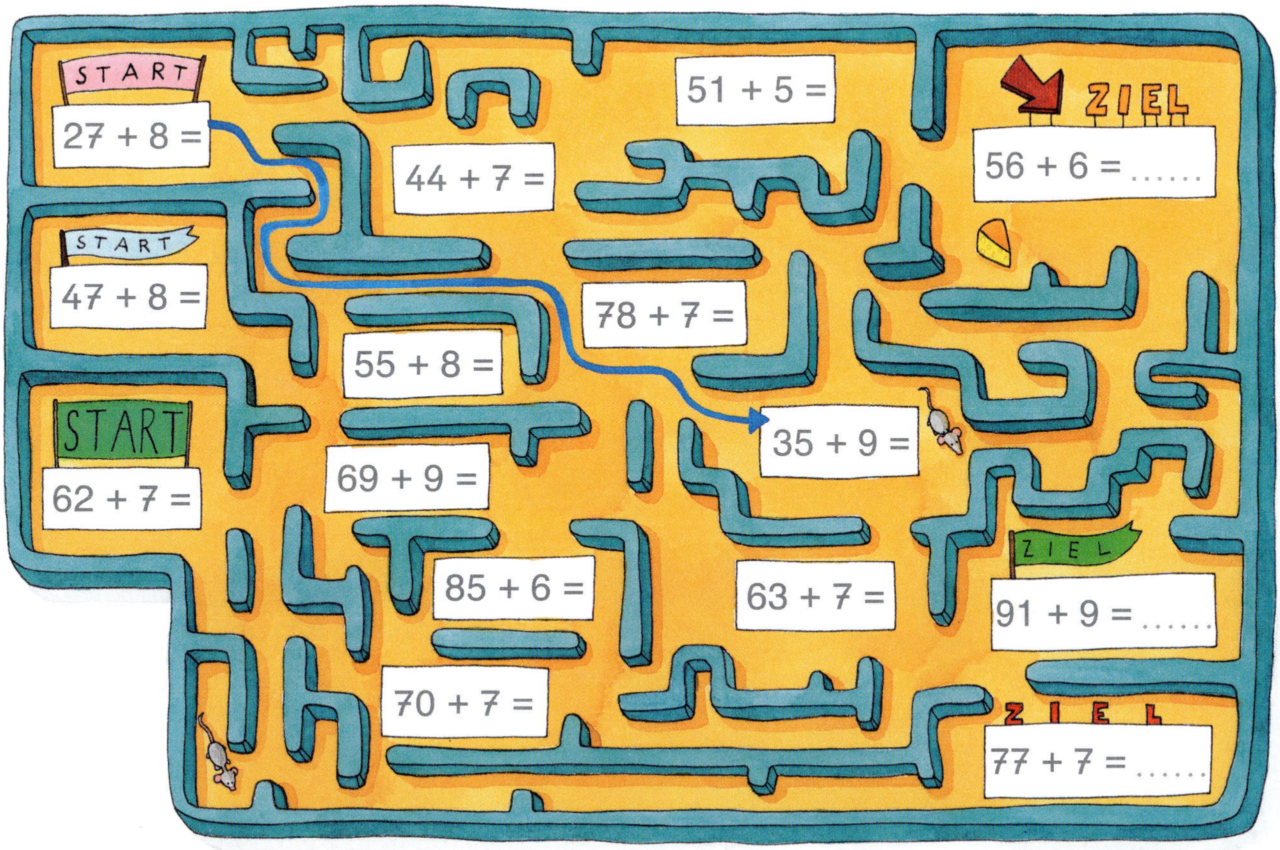

Zweistellige Zahlen addieren

Wissen und Verstehen

Plusaufgaben mit zweistelligen Zahlen kannst du mit verschiedenen Rechenwegen lösen.

68 + 26 = **?**

Rechenweg 1:
Addiere zuerst die Zehner und dann die Einer:

68 + 26 = **94**
60 + 20 = 80
8 + 6 = 14
80 + 14 = 94

Rechenweg 2:
Addiere zuerst die Einer und dann die Zehner:

68 + 26 = **94**
8 + 6 = 14
60 + 20 = 80
14 + 80 = 94

Rechenweg 3:
Addiere zuerst die Zehner dazu und dann die Einer:

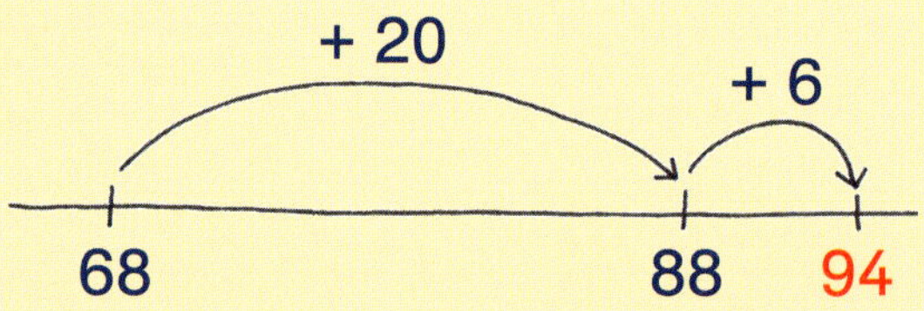

Rechenweg 4:
Addiere zuerst die Einer dazu und dann die Zehner:

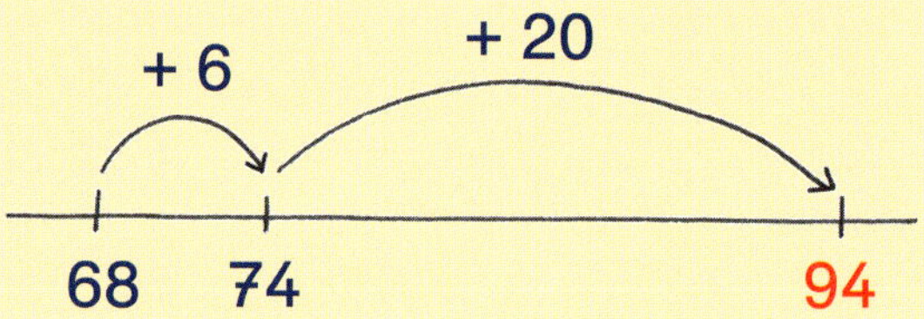

Üben 1 Suche dir einen Rechenweg aus.

43 + 35 =

56 + 23 =

32 + 58 =

Üben 2 Löse am Rechenstrich.

65 + 18 = ...

28 + 64 = ...

39 + 47 = ...

17 + 56 = ...

45 + 38 = ...

56 + 29 = ...

Üben 3 Ergänze. Vergleiche die Mauern. Was fällt dir auf?

Üben 4 Ergänze. Schau dir die beiden Tabellen genau an.

+	20	54	36	28
18	38			
30				
25				

+	19	53	35	27
17				
29				
24				

Zweistellige Zahlen vorteilhaft addieren

Wissen und Verstehen

Wenn eine Zahl in der Nähe einer Zehnerzahl liegt, kannst du **vorteilhaft** rechnen.

64 + 19 = 83

64 + 20 – 1 = 83

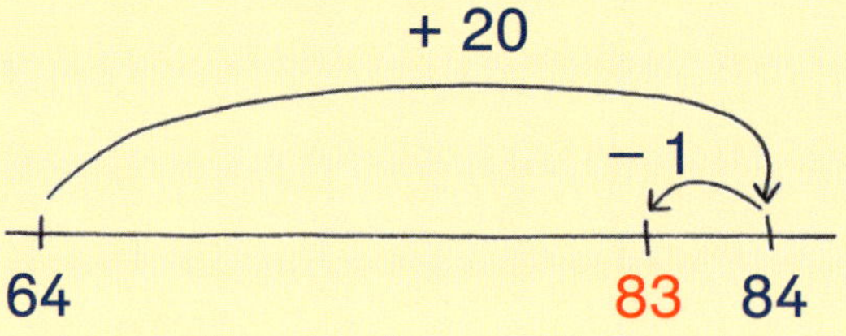

Manchmal ist es auch geschickt, die **Tauschaufgabe** zu rechnen.

21 + 57 = **?**

57 + 21 = 78

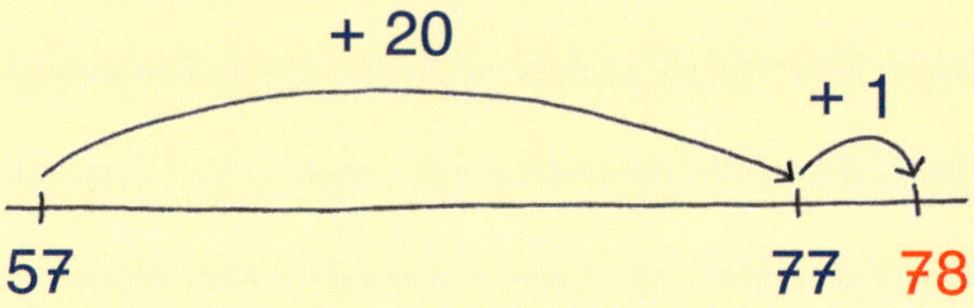

Üben 1 Rechne vorteilhaft.

35 + 29 = 64
35 + 30 – 1 = 64

27 + 49 = ...
27 + ... – ..... = ...

66 + 18 = ...
66 + ... – ..... = ...

42 + 38 = ...
.... + ... – ..... = ...

24 + 59 = ...
.... + ... – ..... = ...

53 + 39 = ...
.... + ... – ..... = ...

Üben 2 Rechne vorteilhaft.

34 + 19 = ... 66 + 29 = ... 23 + 49 = ...

57 + 41 = ... 49 + 36 = ... 67 + 18 = ...

Üben 3 Diese Aufgaben kannst du schnell lösen.

Versuch es zuerst einmal im Kopf.

Üben 4 Immer zwei Kärtchen gehören zusammen. Ergänze.

47 + 39 = ...

47 + 31 = ...

64 + 31 = ...

64 + 29 = ...

64 + 30 + 1 = ...

47 + 40 – 1 = ...

47 + ... + ... = ...

64 + ... – .... = ...

Üben 5 Erkennst du das Muster? Ergänze und rechne aus.

16 + 39 = 55

16 + 49 = ...

16 + 59 = ...

16 + ... = ...

.... + ... = ...

29 + 25 = ...

39 + 25 = ...

49 + 25 = ...

.... + 25 = ...

.... + ... = ...

Einstellige Zahlen subtrahieren

Wissen und Verstehen

Bei Minusaufgaben mit Einern kannst du zuerst die **„leichte" Aufgabe (Analogieaufgabe)** rechnen.

Aufgabe:	59 – 6 = **53**
„leichte" Aufgabe:	9 – 6 = 3
	59 – 6 = 53

Rechenweg 1: Bei Aufgaben mit Zehnerübergang kannst du so rechnen:

Aufgabe:	82 – 7 = **75**
„leichte" Aufgabe:	12 – 7 = 5
	82 – 7 = 75

Rechenweg 2: Oder du rechnest zuerst bis zum Zehner und dann weiter.

82 – 7 = **75**
82 – 2 = 80
80 – 5 = 75

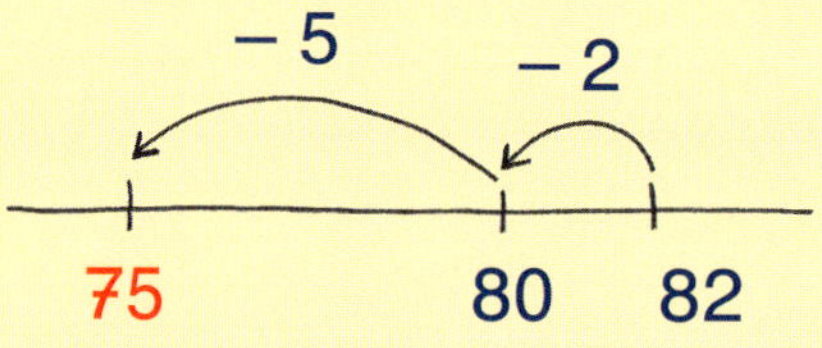

Rechenstrich

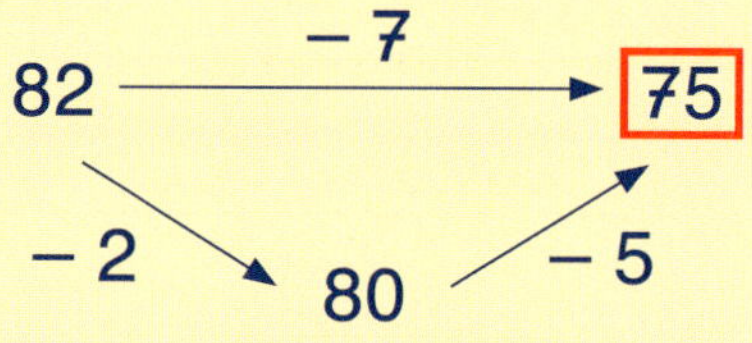

Pfeilbild

Üben 1

Suche dir einen Rechenweg aus.

38 – 5 = 33
8 – 5 = 3
38 – 5 = 33

69 – 8 =

87 – 4 =

52 – 7 =

93 – 6 =

74 – 8 =

Üben 2 Zu jeder „leichten“ Aufgabe gehören zwei Aufgabenkärtchen. Färbe sie ein und rechne aus.

8 – 5 = ...

17 – 8 = ...

14 – 6 = ...

57 – 8 = ...

28 – 5 = ...

48 – 5 = ...

34 – 6 = ...

67 – 8 = ...

84 – 6 = ...

Üben 3 Ergänze.

–	3		5	
21	18			20
83				
65		56		

–	7			9
77			75	
34				
100		94		

Üben 4 Wähle deinen Rechenweg. Rechne die erste Aufgabe aus. Das Ergebnis ist die erste Zahl der nächsten Aufgabe.

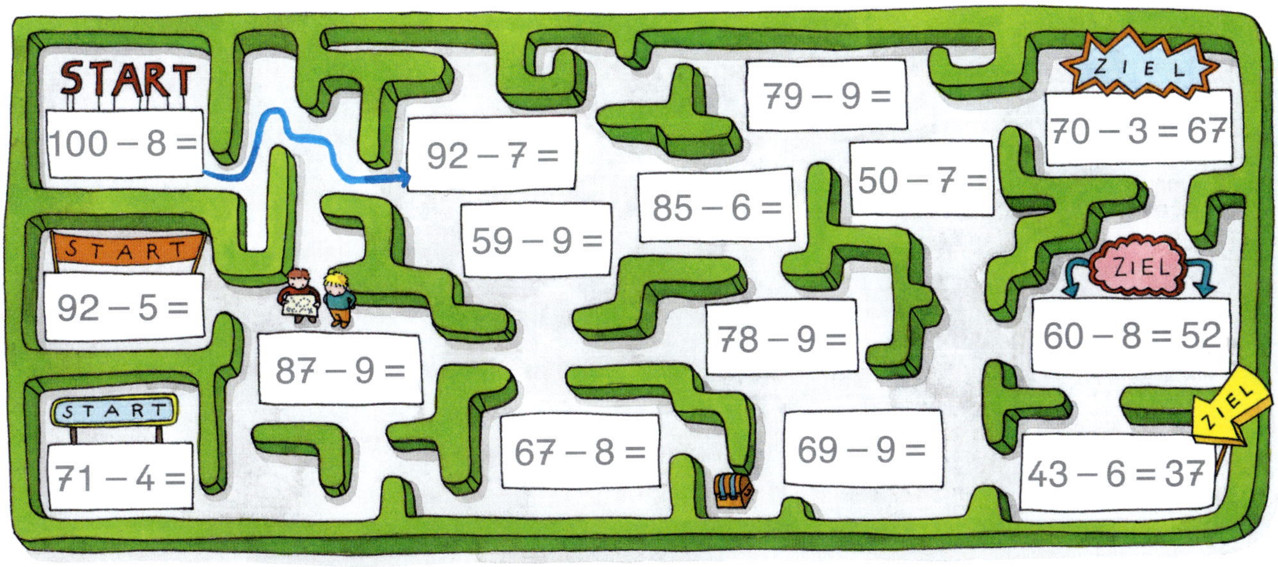

Zweistellige Zahlen subtrahieren

Wissen und Verstehen

Minusaufgaben mit zweistelligen Zahlen kannst du mit verschiedenen Rechenwegen lösen.

73 – 48 = **?**

Rechenweg 1: Subtrahiere zuerst die Zehner und dann die Einer:

73 – 48 = **25**

73 – 40 = 33

33 – 8 = 25

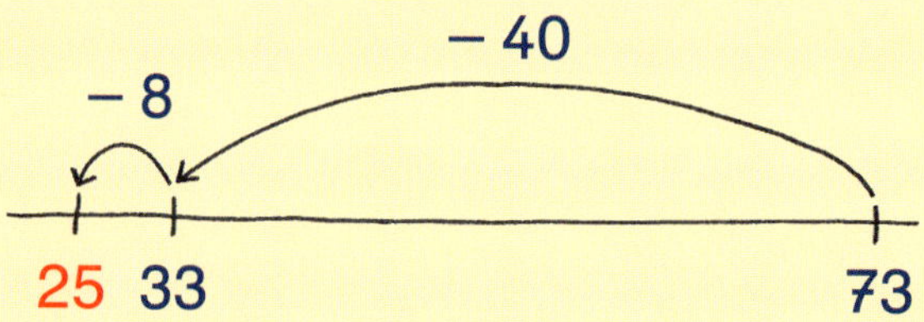

Rechenweg 2: Subtrahiere zuerst die Einer und dann die Zehner:

73 – 48 = **25**

73 – 8 = 65

65 – 40 = 25

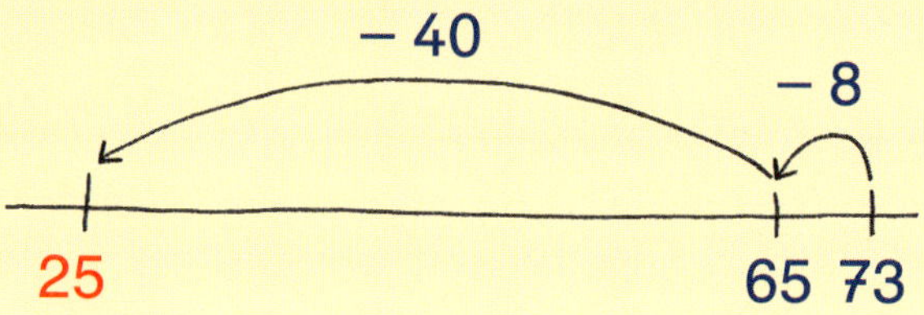

Üben 1

Schreibe auf, wie du rechnest, und rechne aus.

68 – 37 = 31

68 – 30 = 38

38 – 7 = 31

75 – 44 =

92 – 53 =

53 – 26 =

96 – 69 =

84 – 48 =

Üben 2

Löse am Rechenstrich. Ist das Ergebnis der Aufgaben richtig ✓ oder falsch f ?

65 − 38 = 27 ☐

83 − 56 = 28 ☐

91 − 47 = 54 ☐

100 − 73 = 27 ☐

Üben 3

Rechne aus. Färbe die Felder mit den Ergebniszahlen ein.

94 − 47 = 47	73 − 37 = ...	67 − 49 = ...
65 − 19 = ...	88 − 66 = ...	96 − 68 = ...
100 − 26 = ...	52 − 29 = ...	76 − 35 = ...

Üben 4

Ergänze. Was passiert, wenn du die 95 durch 93 ersetzt?

Minusaufgaben als Ergänzungsaufgaben rechnen

Wissen und Verstehen

Jede Minusaufgabe kannst du als **Ergänzungsaufgabe** rechnen.

54 – 37 = **?**

37 + [17] = 54
37 + 3 = 40
40 + 14 = 54
3 + 14 = 17

37 + 3 + 14 = 54
37 + 17 = 54

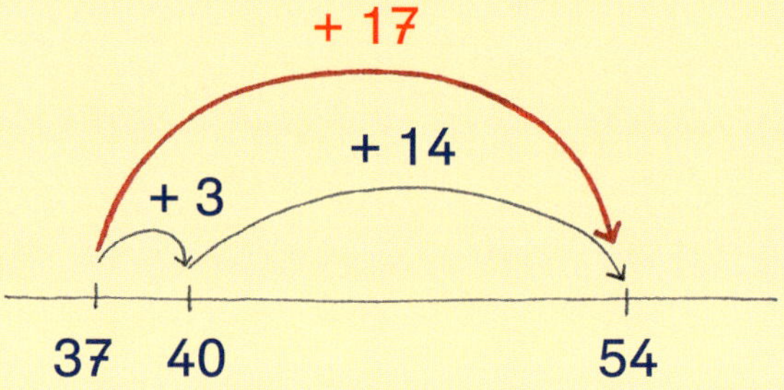

Üben 1 Löse die Ergänzungsaufgabe am Rechenstrich.

83 – 45 = ...

45 + ... = 83

90 – 57 = ...

57 + ... = 90

Üben 2 Löse die Aufgaben mit der Ergänzungsaufgabe.

Wissen und Verstehen

Wenn eine Zahl in der Nähe einer Zehnerzahl liegt, kannst du auch **vorteilhaft** rechnen.

73 – 49 = 24

73 – 50 + 1 = 24

73 —(– 49)→ 24

73 —(– 50)→ 23 —(+ 1)→ 24

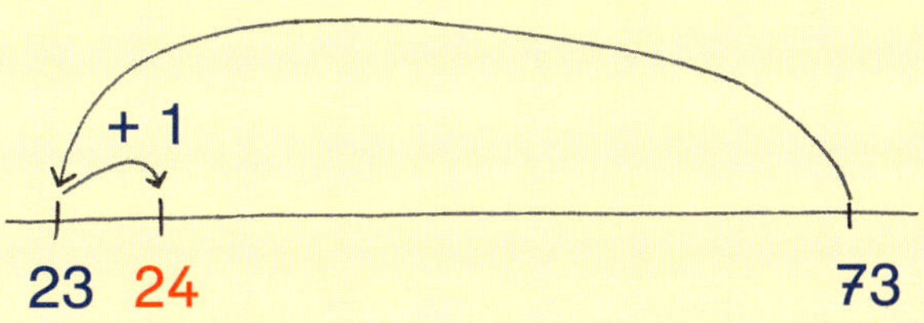

Üben

Probiere die drei Rechenwege aus.
Welcher Weg gefällt dir am besten?

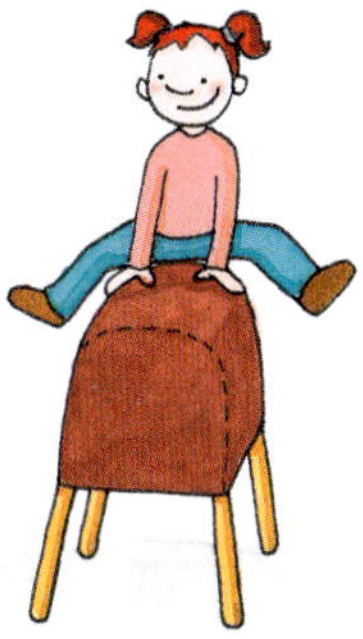

83 —(– 69)→ ☐

83 → ☐ → ☐

95 —(– 39)→ ☐

95 → ☐ → ☐

93 – 69 = ...

.... – ..... + ... = ...

75 – 39 = ...

75 – ..... + ... = ...

66 – 48 = ...

.... – ..... + ... = ...

81 – 69 = ...

72 – 39 = ...

84 – 48 = ...

Malaufgabe auf die Plusaufgabe zurückführen

Wissen und Verstehen

Jede **Malaufgabe** ist eine verkürzte Plusaufgabe.

$4 \cdot 3 = 3 + 3 + 3 + 3 = 12$

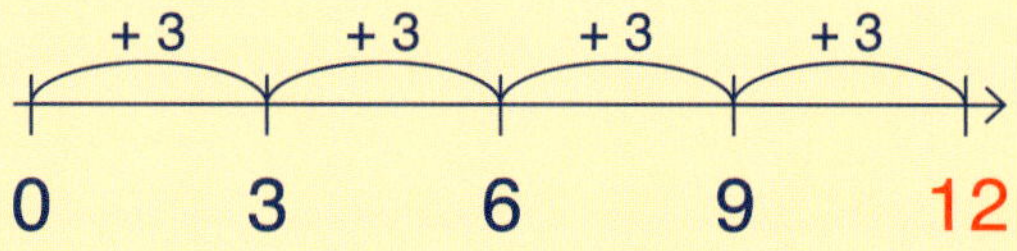

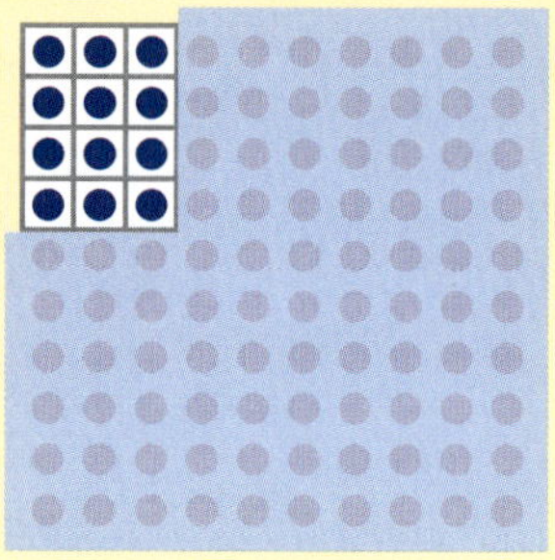

Üben 1

Zu jedem Bild gehört eine Plus- und eine Malaufgabe.

Üben 2 Schreibe die Plus- und die Malaufgabe.

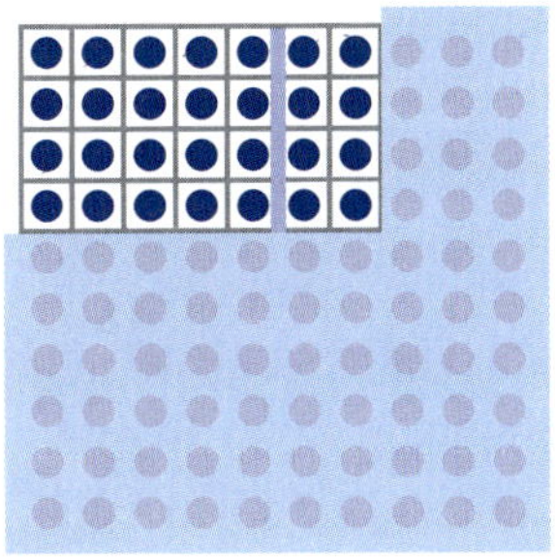
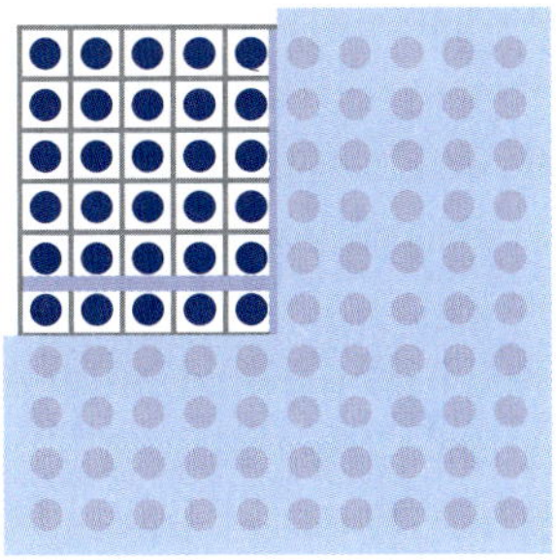
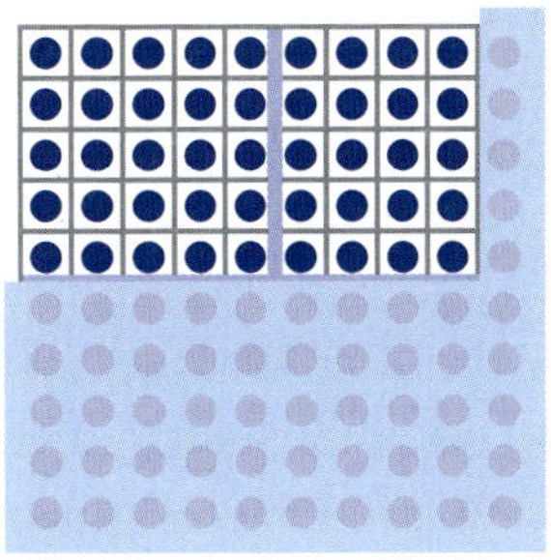
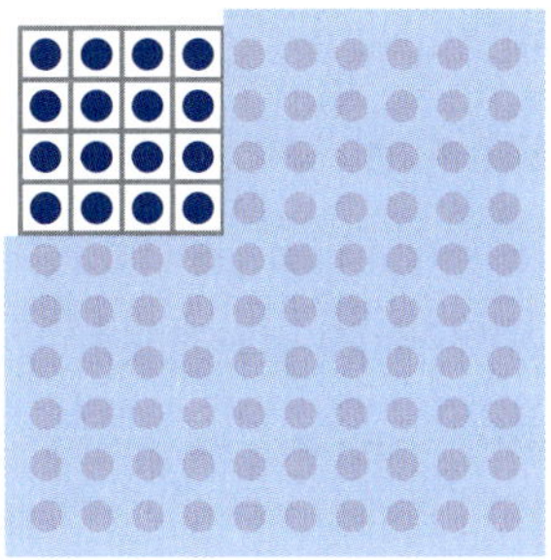

4 · 7 = 28	6 · 5 = 30	5 · 9 = 45	4 · 4 = 16
7 · 4 = 28	5 · 6 = 30	9 · 5 = 45	4 · 4 = 16

Üben 3 Zeige an deinem blauen Hunderterfeld von der Ausklappseite mit dem Abdeckwinkel die Malaufgabe und rechne sie aus.

6 · 4 = 24
3 · 9 = 27
9 · 2 = 18
4 · 10 = 40
5 · 5 = 25
8 · 5 = 40

Üben 4 Immer drei Kärtchen gehören zusammen.

8 · 2 | 4 · 6 | 7 · 5 | 5 · 4 | 5 · 3 | 4 · 9

3 + 3 + 3 + 3 + 3 | 20 | 6 + 6 + 6 + 6 | 35

9 + 9 + 9 + 9 | 24 | 2 + 2 + 2 + 2 + 2 + 2 + 2 + 2 | 36

5 + 5 + 5 + 5 + 5 + 5 + 5 | 16 | 4 + 4 + 4 + 4 + 4 | 15

Wissen und Verstehen

Kernaufgaben sind Malaufgaben mit 1, 2, 5 und 10. Alle anderen Aufgaben einer Einmaleinsreihe kannst du aus den Kernaufgaben ableiten.

Die Kernaufgaben der Viererreihe: [1 · 4] [2 · 4] [5 · 4] [10 · 4]

3 · 4 = [2 · 4] + [1 · 4]

4 · 4 = [2 · 4] + [2 · 4]

6 · 4 = [5 · 4] + [1 · 4]

7 · 4 = [5 · 4] + [2 · 4]

8 · 4 = [5 · 4] + [2 · 4] + [1 · 4] oder [10 · 4] – [2 · 4]

9 · 4 = [10 · 4] – [1 · 4]

Üben 1 Rechne mithilfe der Kernaufgaben.

1 · 3 = 3
2 · 3 = 6
3 · 3 = 9

1 · 3 = 3
5 · 3 = 15
6 · 3 = 18

5 · 3 = 15
1 · 3 = 3
4 · 3 = 12

5 · 3 = 15
2 · 3 = 6
7 · 3 = 21

10 · 3 = 30
1 · 3 = 3
9 · 3 = 27

10 · 3 = 30
2 · 3 = 6
8 · 3 = 24

Üben 2 Rechne die Kernaufgaben.

·	2	4	8	5	10	3	6	9	7
1	2	4	8	5	10	3	60	9	7
2	4	8	16	10	20	6	12	15	14
5	10	20	40	25	50	15	30	49	35
10	20	40	80	50	100	30	60	90	70

Üben 3 Welche Kernaufgaben können dir helfen?

Schreibe und rechne zuerst die Kernaufgaben.

6 · 2 = 14	3 · 8 = 24	4 · 9 = ...	9 · 7 = ...
6 · 1 = 6	5 · 4 = 20	4 · 1 = 4	9 · 1 = 9
6 · 10 = 10	6 · 4 = 24	4 · 10 = 40	9 · 10 = 90

Üben 4 Rechne mit den Kernaufgaben.

Beim Multiplizieren mit Tauschaufgaben rechnen

Wissen und Verstehen

Bei Malaufgaben kannst du die Zahlen tauschen.
Das Ergebnis bleibt bei **Tauschaufgaben** gleich.

3 · 4 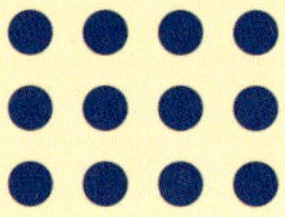

3 · 4 = 4 · 3 = 12

4 · 3 

Üben 1 Zu jedem Bild passen zwei Malaufgaben.

....

....

Üben 2 Immer drei Kärtchen gehören zusammen.

3 · 8 | 9 · 7 | 6 · 7 | 6 · 4 | 4 · 8 | 6 · 5

8 · 3 | 5 · 6 | 7 · 9 | 7 · 6 | 4 · 6 | 8 · 4

24 | 24 | 30 | 32 | 42 | 63

Wissen und Verstehen

Viele Ergebnisse beim kleinen Einmaleins kommen in **mehreren Reihen** vor. Das trifft besonders bei diesen Reihen zu:

2er- und 4er-Reihe:

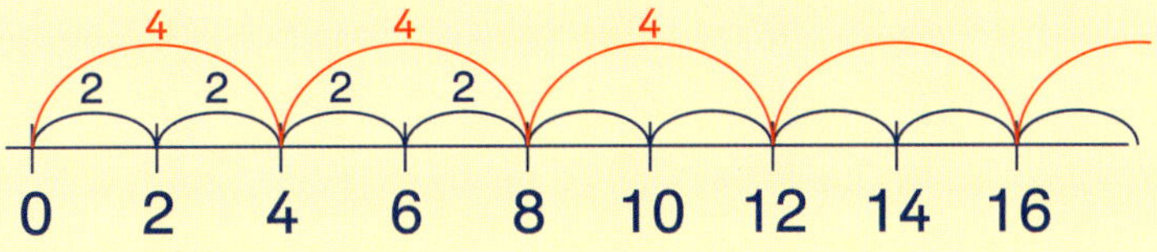

4er- und 8er-Reihe:

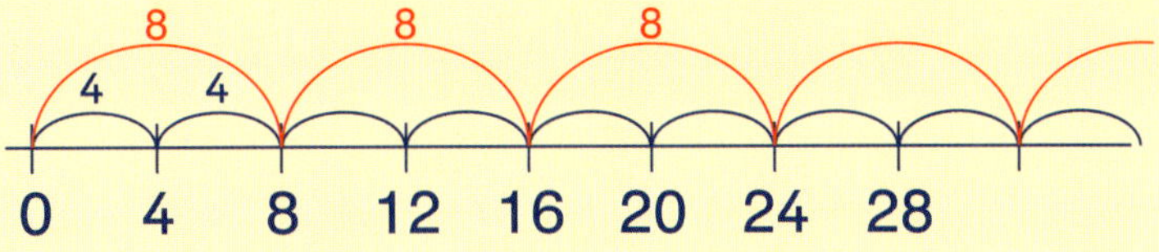

3er- und 6er-Reihe:

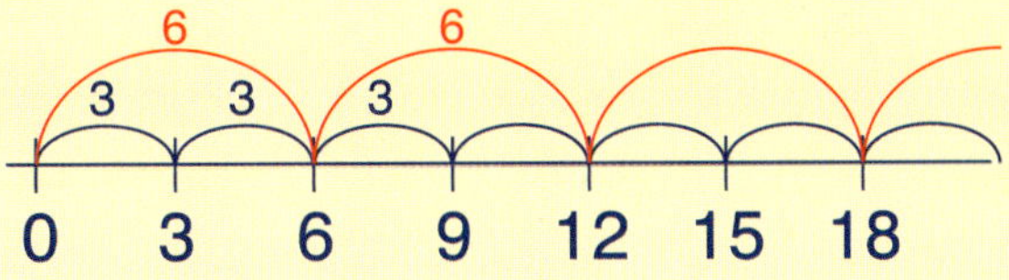

5er- und 10er-Reihe:

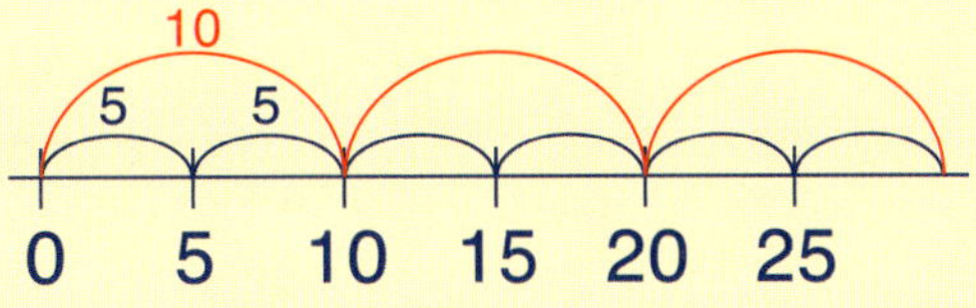

Üben Rechne aus.

·	3	6
2	6	12
4		
8		
3		
6		

·	4	8
2		
4		
8		
3		
6		

·	5	10
2		
4		
8		
3		
6		

Was fällt dir auf? ....

....

Beim Dividieren Mengen aufteilen

Wissen und Verstehen

So kannst du **aufteilen:**

12 Tennisbälle sollen so aufgeteilt werden, dass immer 4 in einer Schachtel sind.

12 : 4 = 3
Sprechweise: zwölf (geteilt) durch vier gleich drei

Für 12 Tennisbälle brauchst du 3 Schachteln.

Zu jeder Geteiltaufgabe (Divisionsaufgabe) gehört eine Malaufgabe (Multiplikationsaufgabe), die **Umkehr-** oder **Probeaufgabe:**

12 : 4 = 3, denn **3 · 4 = 12**

Üben 1

Teile auf. Kontrolliere mit der Probeaufgabe.

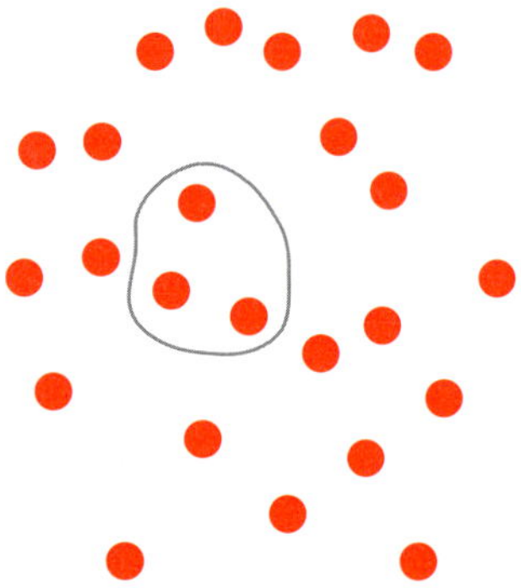

24 : 3 =

denn ...... · 3 = 24

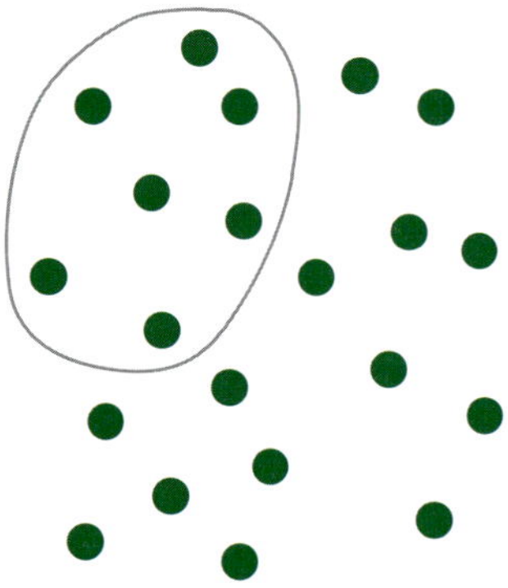

21 : 7 =

denn ...... · 7 = ...

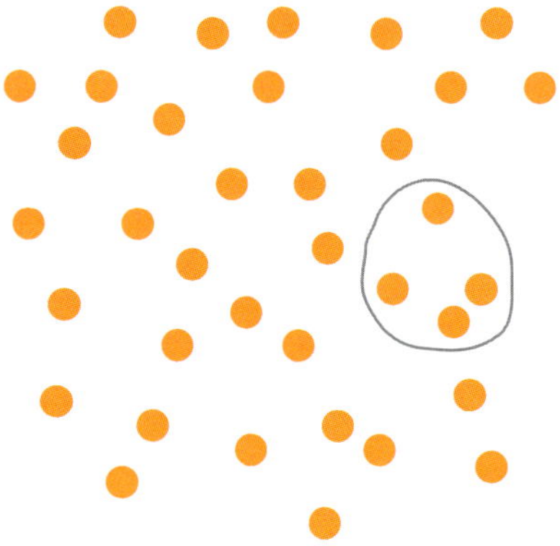

36 : 4 =

denn ...... · 4 = ...

Üben 2

72 Zuschauer sind zum Kindertheater gekommen. Immer acht Zuschauer sitzen in einer Reihe.

Frage: Wie viele Reihen sind besetzt?

Rechnung:

Antwort: Es sind .... Reihen besetzt.

Üben 3

Rechne aus. Finde zu jeder Geteiltaufgabe die dazugehörige Malaufgabe.

18 : 6 = ..3..

7 · 8 = ...

63 : 7 = ...

9 · 2 = ...

9 · 7 = ...

56 : 8 = ...

18 : 2 = ...

49 : 7 = ...

3 · 6 = .18.

7 · 7 = ...

Üben 4

Rechne aus. Kontrolliere mit der Probeaufgabe.

16 : 2 = ..., denn ....

18 : 3 = ..., denn ....

27 : 9 = ..., denn ....

28 : 7 = ..., denn ....

36 : 4 = ..., denn ....

Wissen und Verstehen

So kannst du **verteilen:**

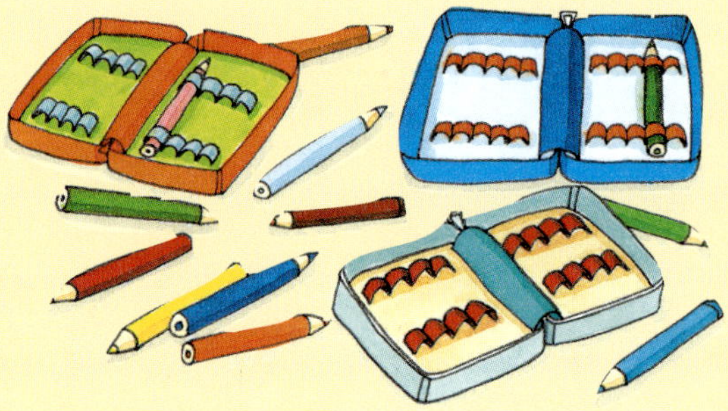

12 Stifte sollen in 3 Mäppchen so verpackt werden, dass immer gleich viele Stifte in jedem Mäppchen sind.

12 : 3 = 4
Sprechweise: zwölf (geteilt) durch drei gleich vier

In jedes Mäppchen kommen 4 Stifte.

Zu jeder Geteiltaufgabe (Divisionsaufgabe) gehört eine Malaufgabe (Multiplikationsaufgabe), die **Umkehr-** oder **Probeaufgabe:**

12 : 3 = 4, denn **4 · 3 = 12**

Üben 1

Verteile immer 24 Plättchen auf die Felder.
Schreibe das Ergebnis auf und kontrolliere mit der Probeaufgabe.

24 : 2 = ... 24 : 3 = ... 24 : 4 = ...

....

Was fällt dir auf? ....

Üben 2 Vier Kinder spielen gemeinsam Karten.

Alle 32 Karten werden verteilt.

Frage: Wie viele Karten bekommt jedes Kind?

Rechnung:

Antwort: Jedes Kind bekommt .... Karten.

Üben 3 Bilde mit den Zahlen im Dach zwei Mal- und zwei

Geteiltaufgaben. Rechne aus.

Üben 4 Erfinde Aufgaben.

Dividieren mit Rest

Wissen und Verstehen

Manchmal lässt sich eine Menge nicht genau aufteilen oder verteilen. Es bleibt ein **Rest** übrig.

17 Legosteine sollen zu 3 gleich hohen Türmen zusammengesteckt werden.
2 Legosteine bleiben übrig.

17 : 3 = 5 **Rest (R)** 2, denn 5 · 3 + 2 = 17

Sprechweise: siebzehn (geteilt) durch drei gleich fünf Rest zwei, denn fünfmal drei plus zwei gleich siebzehn

Üben 1

Zeichne und rechne dann aus.
Kontrolliere mit der Probeaufgabe.

Verteile 20 Bärchen in drei Tüten.

20 : 3 = ... Rest ____

denn ...... · ...... + ____ = ...

Verteile 15 Kekse so, dass immer vier Kekse auf einem Teller liegen.

15 : 4 = ... Rest ____

denn ...... · ...... + ____ = ...

Üben 2 Rechne aus. Finde zu jeder Geteiltaufgabe die passende Probeaufgabe.

44 : 5 = 8 R 4	29 : 9 = ...	35 : 4 = ...	37 : 6 = ...
6 · 6 + 1 = ...	8 · 5 + 4 = 44	3 · 9 + 2 = ...	8 · 4 + 3 = ...

Üben 3 Rechne aus.

:	10	5	6	8	9
30	3				
25	2 R 5				
42					
27					
32					

Zahlenrätsel — Extrarunde

Wenn ich von meiner Zahl 38 subtrahiere und das Ergebnis durch 8 teile, erhalte ich die Zahl 6. Wie heißt meine Zahl?

Meine Zahl gehört zur Siebenerreihe. Wenn ich sie verdopple, erhalte ich eine Zahl der Viererreihe. Wenn ich zu dieser Zahl 2 addiere und durch 10 teile, erhalte ich eine Zahl der Dreierreihe. Wie heißt meine Zahl?

Trainingskarte

Kannst du Plus- und Minusaufgaben vorteilhaft lösen?

65 + 29 = ...	33 + 46 = ...
3 + 65 = ...	89 – 17 = ...
16 + 63 = ...	35 + 58 = ...

Überlege:

- Ist es vorteilhaft, wenn du zuerst die „leichte" Aufgabe rechnest?
  53 + 6 = ?   3 + 6 = 9   53 + 6 = 59

- Ist es vorteilhaft, wenn du Zahlen vertauschst?   3 + 86 = 86 + 3
- Ist es vorteilhaft, wenn du mit dem vollen Zehner rechnest?   47 – 39 = 47 – 40 + 1
- Ist es vorteilhaft, wenn du dir die Aufgabe an einem Rechenstrich aufzeichnest?   56 + 23 =

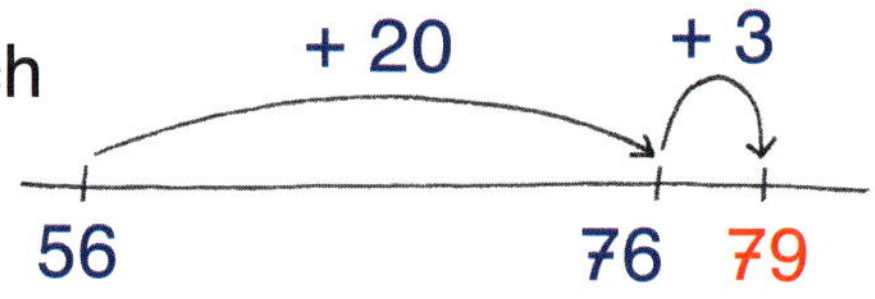

Schreibe neben jede Aufgabe auf der **Trainingskarte** den dazugehörigen vorteilhaften Rechenweg.

65 + 30 – 1 = 94	5 + 3 = 8	65 + 3 = 68	63 + 16 = 79
35 + 60 – 2 = 93	3 + 6 = 9	30 + 50 = 80	89 – 7 = 82
9 – 7 = 2	90 – 7 – 1 = 82		

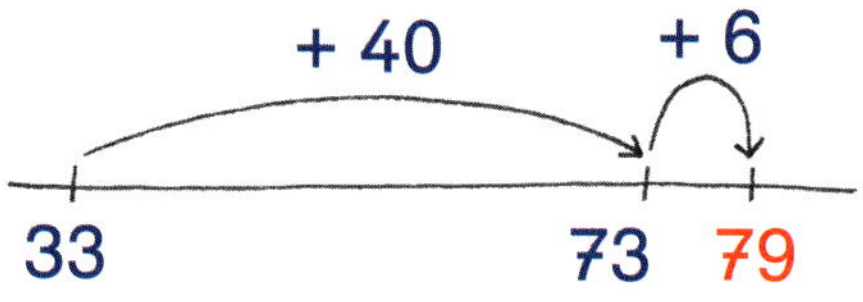

Trainingskarte

? Kannst du Malaufgaben vorteilhaft lösen?

$6 \cdot 4 =$ ☐

$6 \cdot 7 =$ ☐

$8 \cdot 5 =$ ☐

$3 \cdot 9 =$ ☐

$3 \cdot 4 =$ ☐

$8 \cdot 6 =$ ☐

$7 \cdot 3 =$ ☐

$6 \cdot 5 =$ ☐

$7 \cdot 9 =$ ☐

Überlege:

- Ist es vorteilhaft, wenn du die Zahlen vertauschst?
  $5 \cdot 8 = 8 \cdot 5$
- Ist es vorteilhaft, wenn du die Aufgabe mit den Kernaufgaben löst?
  $7 \cdot 6 = \boxed{5 \cdot 6} + \boxed{2 \cdot 6}$

Welcher Rechenweg gehört zu welcher Aufgabe? Schreibe die Buchstaben in die Kästchen auf der **Trainingskarte**.

A $5 \cdot 6 = 30$

B $9 \cdot 3 = 10 \cdot 3 - 1 \cdot 3 = 30 - 3 = 27$

C $6 \cdot 4 = 5 \cdot 4 + 1 \cdot 4 = 24$

D $3 \cdot 4 = 2 \cdot 4 + 1 \cdot 4 = 12$

E $9 \cdot 7 = 10 \cdot 7 - 1 \cdot 7 = 70 - 7 = 63$

F $6 \cdot 7 = 5 \cdot 7 + 1 \cdot 7 = 35 + 7 = 42$

G $5 \cdot 8 = 40$

H $8 \cdot 6 = 5 \cdot 6 + 2 \cdot 6 + 1 \cdot 6 = 30 + 12 + 6 = 48$

I $7 \cdot 3 = 5 \cdot 3 + 2 \cdot 3 = 15 + 6 = 21$

Mit Grundformen umgehen

Wissen und Verstehen

Ebene Figuren bestehen aus einer **Fläche.** Sie haben **Ecken** und **Seiten.** Sie werden nach der Anzahl ihrer Ecken benannt.

Dreieck Viereck Fünfeck Sechseck Achteck

Besondere Vierecke sind das **Rechteck** und das **Quadrat.**

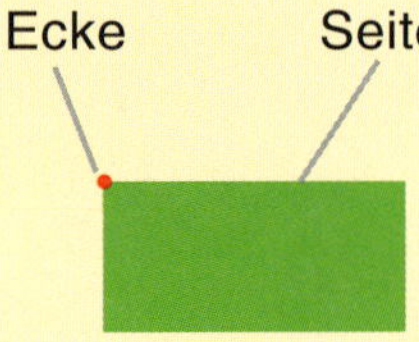

2 kurze Seiten, 2 lange Seiten

4 gleich lange Seiten

Der **Kreis** gehört auch zu den ebenen Figuren.
Er hat keine Ecken.

Mit ebenen Figuren lassen sich neue Figuren legen.

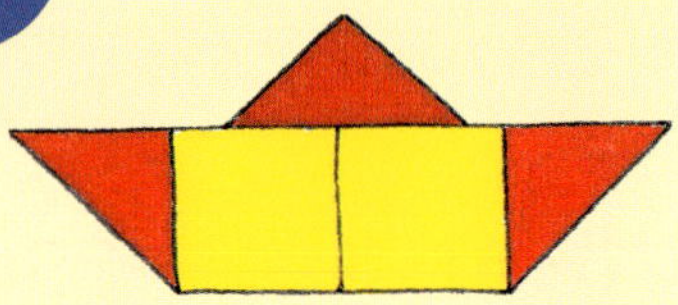

Üben 1 Zähle die Figuren. Schreibe die Anzahl auf.

Kreise

Quadrate

Rechtecke

Vierecke

Dreiecke

Üben 2 Hilf Mia. Schreibe die Namen der Figuren auf und zeichne sie. Erfinde selbst solche Rätsel.

Üben 3  Schneide das Tangram von der Ausklappseite aus. Benutze alle sieben Tangramteile und lege: ein Haus, ein Schiff, andere Figuren.

Üben 4  Lege diese Figuren mit den Tangramteilen nach.

Flächeninhalte auslegen und vergleichen

Wissen und Verstehen

Du kannst **Flächeninhalte** von ebenen Figuren miteinander vergleichen, indem du sie mit gleichen Figuren (Formen) auslegst.

Die Flächen sind gleich groß.

Die Flächen sind gleich groß.

Üben 1

Schätze und kreuze an, welche Figur die meisten kleinen Quadrate enthält.

A ☐ B ☐ C ☐ D ☐ E ☐ F ☐

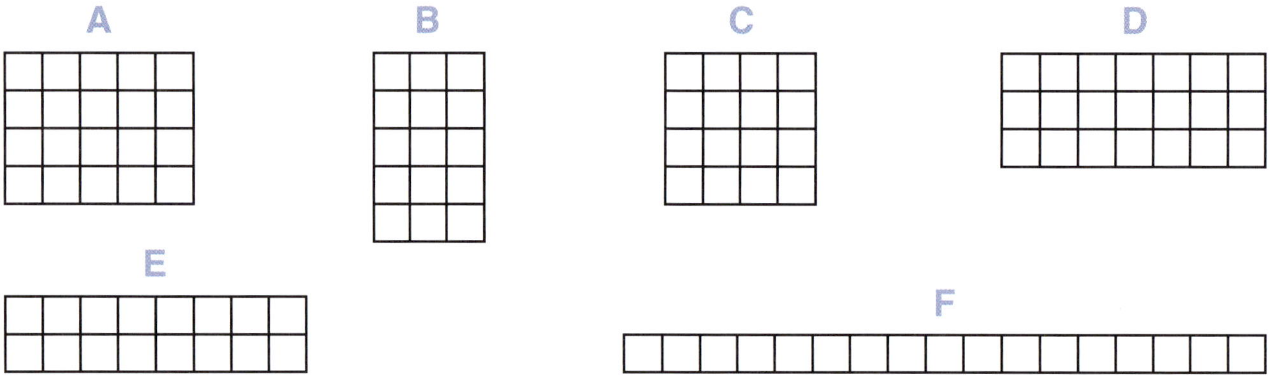

Üben 2

Zähle die kleinen Quadrate von Üben 1 und schreibe ihre Anzahl auf. Male dann die größte Fläche rot, die kleinste Fläche grün und gleich große Flächen blau an.

A ___ B ___ C ___ D ___ E ___ F ___

Üben 3

Der Fliesenleger fliest zwei Wände (A + B). Er benutzt dabei die gleichen quadratischen Fliesen. Schätze ihre Anzahl und kreuze an.

A hat mehr Fliesen als B. ☐ A hat weniger Fliesen als B. ☐

A hat gleich viele Fliesen wie B. ☐

Üben 4

Finde die genaue Anzahl der Fliesen der beiden Wände von Üben 3 heraus.

A hat .... Fliesen. B hat .... Fliesen.

Kopfgeometrie **Extrarunde**

Stelle dir ein Quadrat vor: Falte die untere rechte Ecke zur linken oberen Ecke. Welche Figur entsteht?
Stelle dir ein Rechteck vor: Falte es einmal längs und einmal quer. Klappe es wieder auf. Wie viele Flächen entstehen, die durch die Faltlinien begrenzt sind?

Körper erkennen

Wissen und Verstehen

Hier siehst du verschiedene **Körper:**

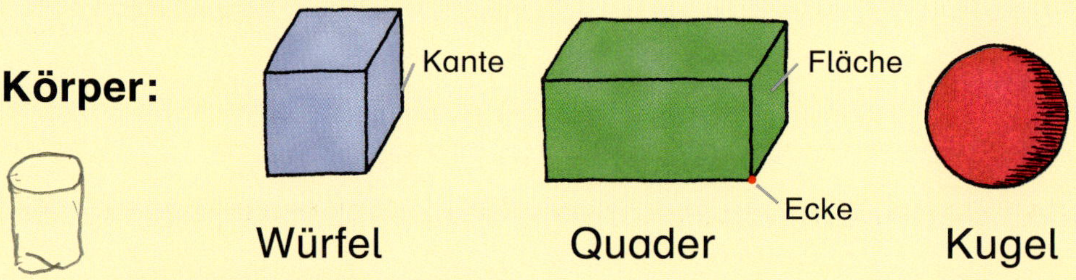

Ein **Würfel** und ein **Quader** haben jeweils 6 Flächen, 12 Kanten und 8 Ecken. Die Flächen des Quaders sind Rechtecke, die des Würfels Quadrate. Die **Kugel** besteht nur aus einer Fläche.

Üben 1

Male Kugeln rot, Würfel blau und Quader grün an.

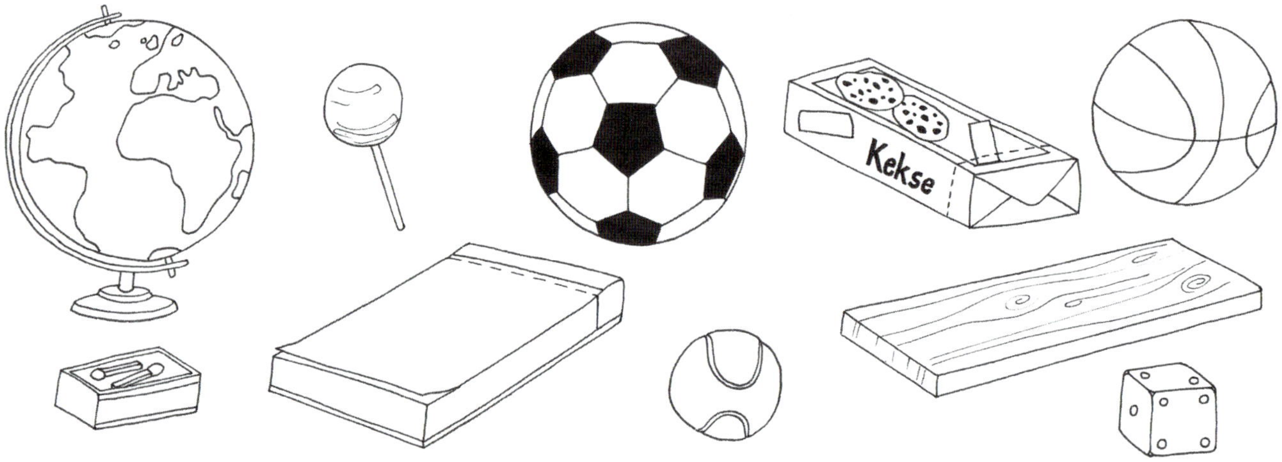

Üben 2

Schreibe passende Gegenstände aus deiner Umgebung auf.

Sieht aus wie ein Würfel: ....

Sieht aus wie ein Quader: ....

Sieht aus wie eine Kugel: ....

Wissen und Verstehen

Eine Kiste, eine Schachtel oder einen anderen Körper kannst du aus verschiedenen Perspektiven (Richtungen) betrachten.
Diese Wörter geben an, aus welcher Richtung geschaut wird:
von der Seite, von unten, von oben, von vorn, von hinten.

von der Seite   von oben   von vorn

von der Seite   von oben   von vorn

Üben

Wie sehen die Kinder die Figur? Schreibe ihre Namen zum passenden Bild.

Wissen und Verstehen

Zu jedem **Würfelbau** gibt es einen **Bauplan.** Im Bauplan steht, wo wie viele Würfel liegen.

4	1	1
3	1	1

Üben 1

Schau die Würfelbauten genau an. Aus wie vielen Würfeln besteht der Würfelbau? Zähle und trage ein.

Üben 2

Welcher Bauplan passt zu welchem Würfelbau von Üben 1? Male die Baupläne in der Farbe der Würfelbauten an.

2	3	2
0	1	1

1	3	0
3	2	1

3	3	1
1	0	1

4	0	0
3	2	1

4	3	2
1	1	1

Üben 3 Schreibe die Baupläne zu den Würfelbauten auf.

Üben 4 Ergänze die Baupläne.

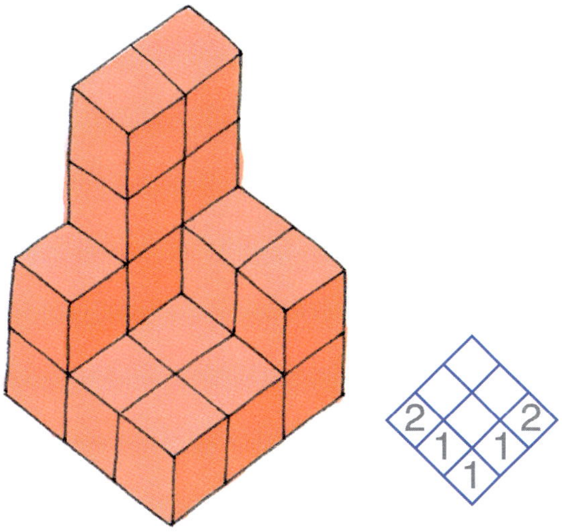

Von oben gesehen — Extrarunde

Wie sieht der Würfelbau „von oben“ aus?

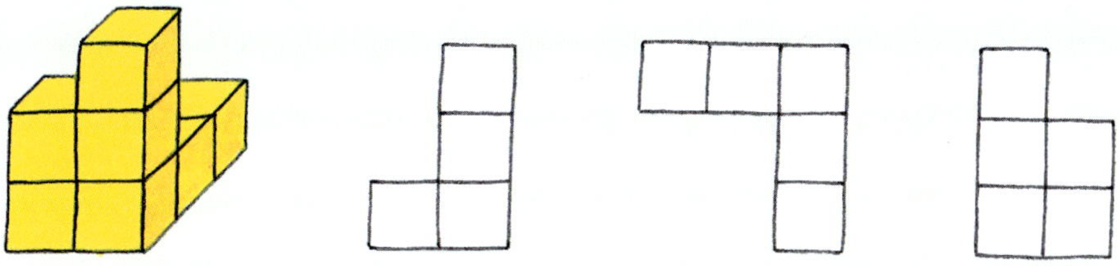

Symmetrische Figuren erkennen

Wissen und Verstehen

Spiegelbildliche Figuren heißen auch **achsensymmetrische** Figuren. Die Spiegelachse teilt die Figur in zwei Hälften. Beide Hälften sehen genau gleich aus.

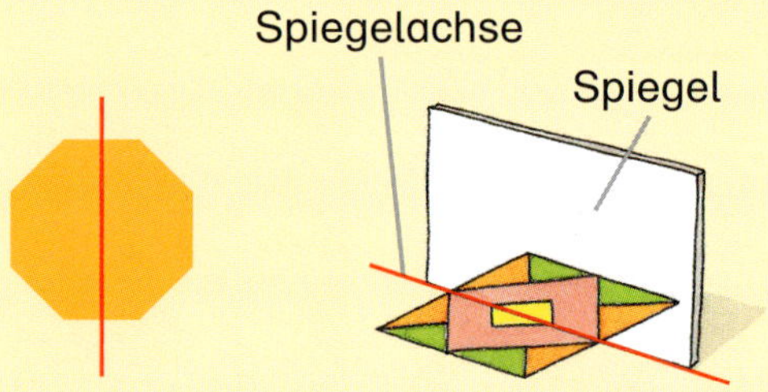

Üben 1 Suche bei den Figuren eine Spiegelachse und überprüfe mit dem Spiegel. Kreuze achsensymmetrische Figuren an.

Üben 2 Zeichne bei den achsensymmetrischen Buchstaben die Spiegelachse ein. Überprüfe mit einem Spiegel.
Kennst du noch andere achsensymmetrische Buchstaben?

A T M
E L F
C V N Z

Üben 3 Zeichne zwei Spiegelachsen ein und male das Muster so an, dass es achsensymmetrisch ist.

Üben 4 Zeichne alle Spiegelachsen ein.

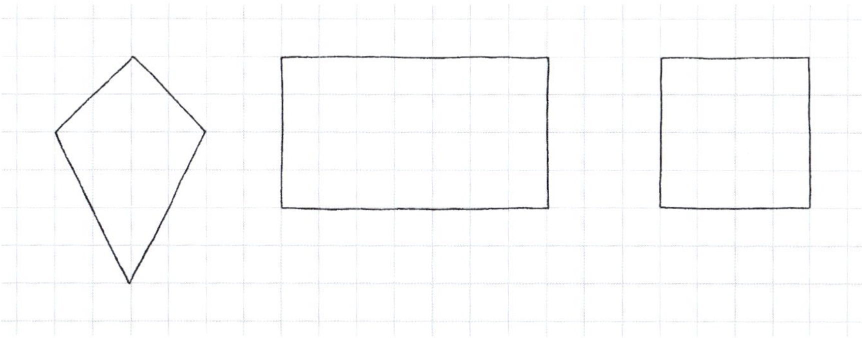

Üben 5 Zeichne alle Spiegelachsen ein.

Kennst du noch andere achsensymmetrische Verkehrszeichen?

Symmetrische Figuren zeichnen

Wissen und Verstehen

Achsensymmetrische Figuren kannst du leicht durch Falten und Schneiden herstellen.

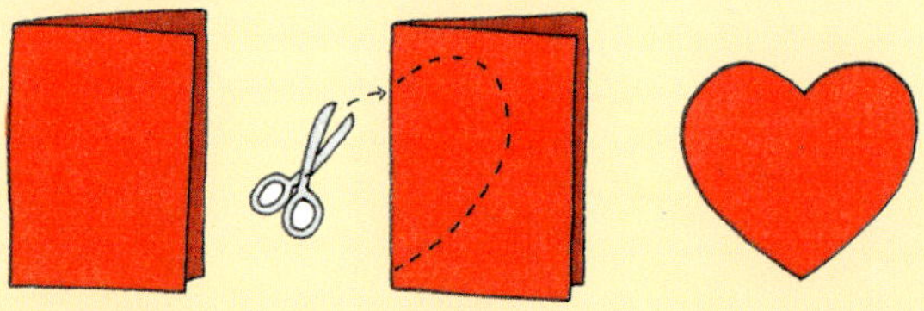

Wenn nur eine Hälfte einer achsensymmetrischen Figur vorgegeben ist, kannst du mit einem Hand- oder Zauberspiegel die andere Hälfte einfach ergänzen. Ohne Spiegel geht es auch ganz leicht, wenn die Figur auf Karopapier gezeichnet ist.

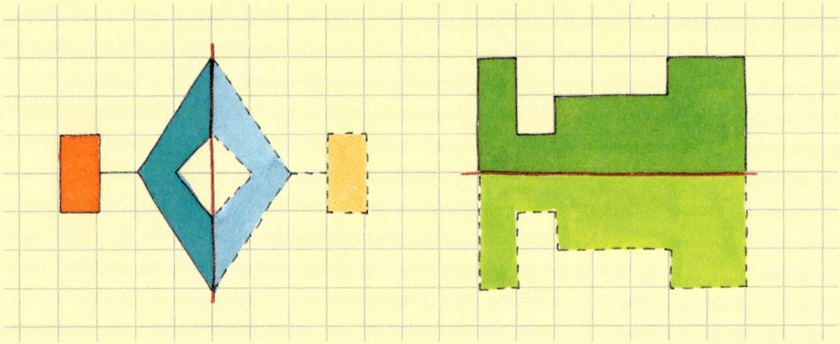

Üben 1 Zeichne das Spiegelbild.

Üben 2

Kreuze an, welcher Faltschnitt zu der Figur gehört.
Stelle selbst Faltschnitte her.

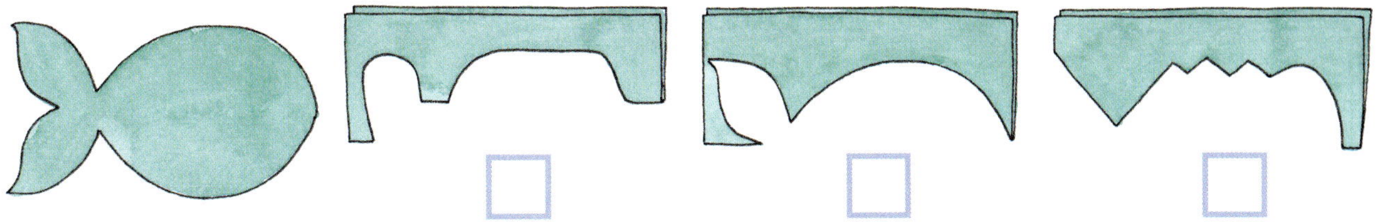

Üben 3

Zeichne die andere Hälfte.

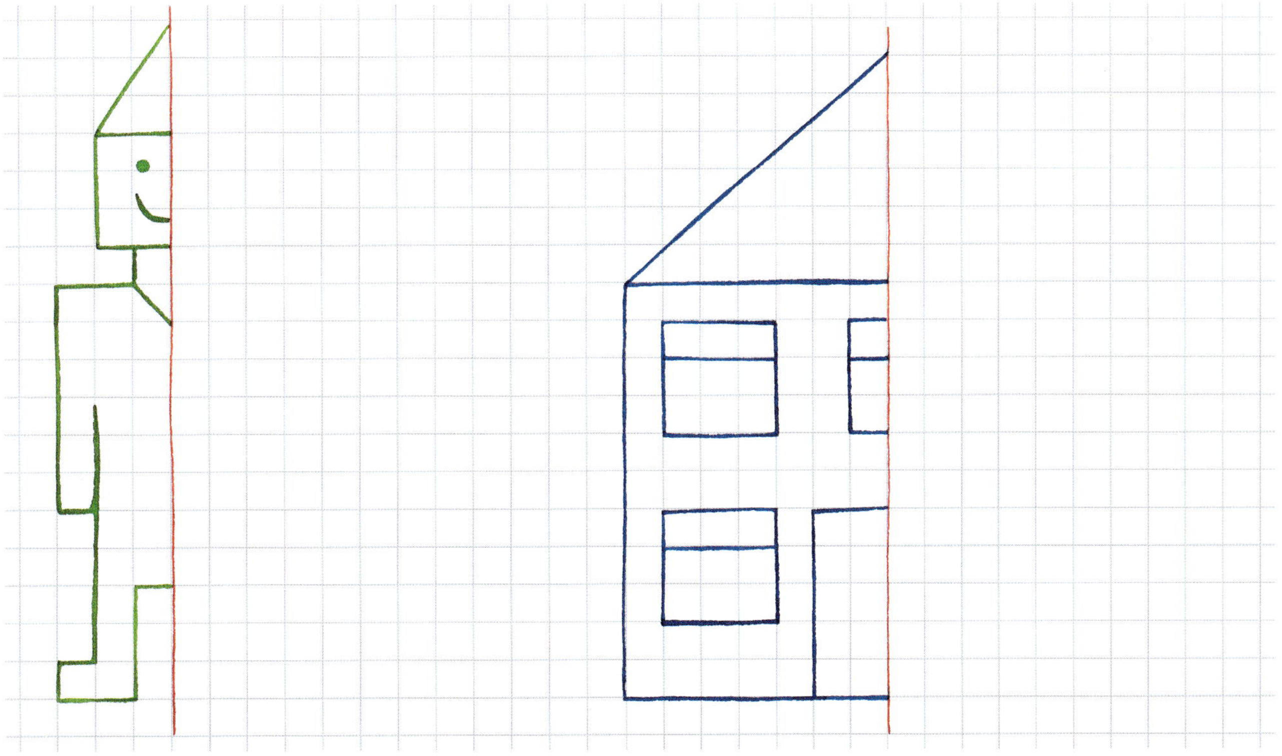

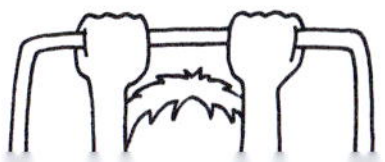

Kannst du ebene Figuren erkennen?

Trainingskarte

Überlege:

- Hast du überprüft, ob die Figur Ecken hat?
- Hast du die Anzahl ihrer Ecken gezählt?
- Hast du bei einem Viereck überprüft, ob es zwei kurze und zwei lange Seiten hat?
- Hast du bei einem Viereck überprüft, ob es vier gleich lange Seiten hat?

Welche Bezeichnung gehört zu welcher ebenen Figur auf der **Trainingskarte**? Trage den Anfangsbuchstaben ein.

Achteck	**S**echseck	**K**reis	**F**ünfeck
Quadrat	**R**echteck	**D**reieck	**V**iereck

Trainingskarte

Kannst du Perspektiven (Richtungen) erkennen?

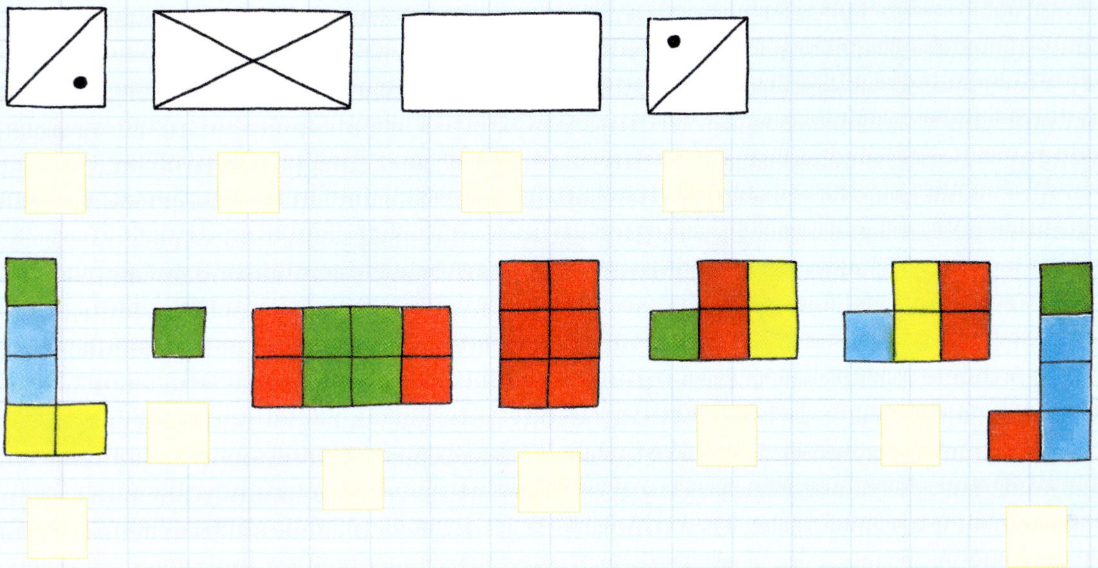

Überlege und schaue dir den Körper oder Würfelbau genau an:

- Welche Form hat er?
- Welche Farben hat er?
- Welche Muster hat er?
- Aus welcher Richtung schaust du?

Was gehört zusammen? Schreibe die Buchstaben zu den passenden Abbildungen auf die **Trainingskarte**.

A

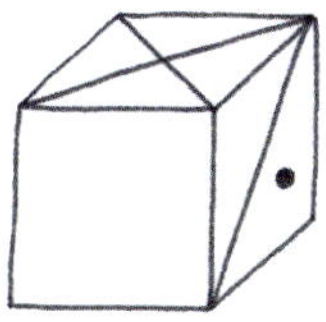

B

C

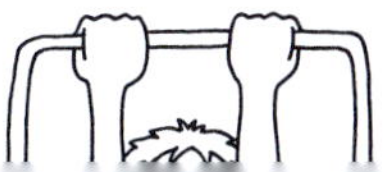

Muster fortsetzen

Wissen und Verstehen

Mit **geometrischen Mustern** werden Vasen, Teller, Stoffe und viele andere Dinge verschönert. In vielen dieser Muster wiederholen sich bestimmte Formen.
Ein solches Muster nennt man **Ornament.**

Bei Bandornamenten wird ein Streifen mit verschiedenen immer wiederkehrenden Formen und/oder Farben gestaltet.

Üben 1 Ergänze die Muster in den Perlenschnüren.

Üben 2 Setze die Muster fort.

Üben 3 Finde die Fehler in den Mustern.

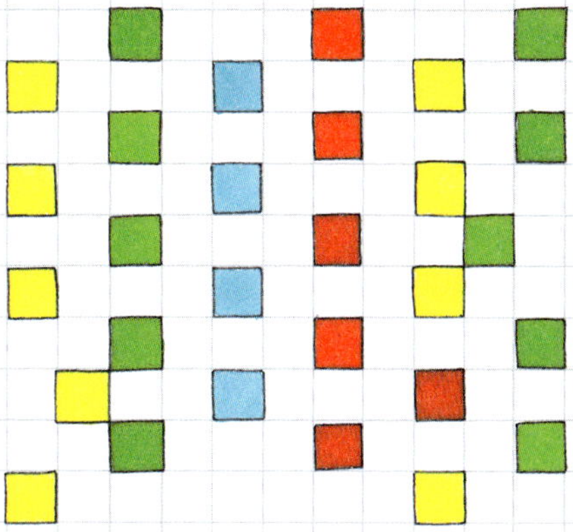

Üben 4 Erfinde selbst Muster.

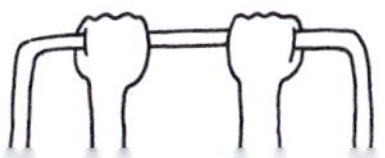

Muster bei Folgen erkennen

Wissen und Verstehen

Ein Muster mit ebenen Figuren kann nach einer bestimmten **Regel** erstellt werden.

Üben 1

Welche Figur von rechts passt in die Reihe links?
Trage den Buchstaben ein und zeichne ab.

A B C

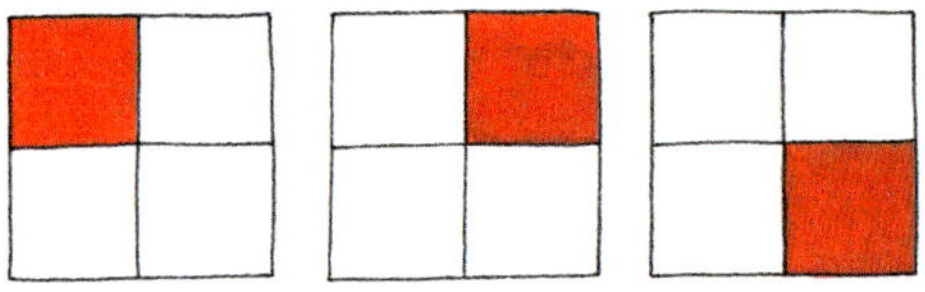

A B C

A B C

Üben 2 Welche Fahne passt nicht? Kreuze sie an.

Üben 3 Ergänze die fehlenden Figuren.

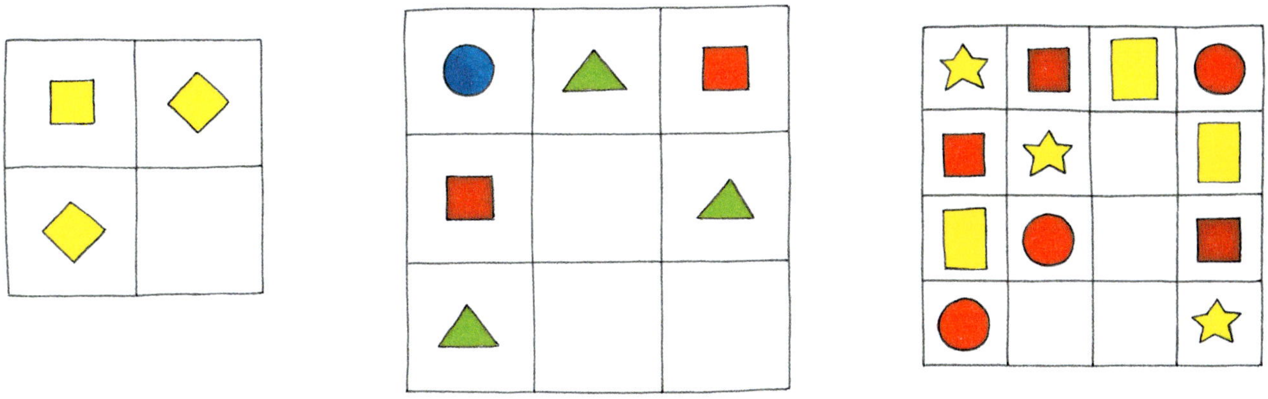

Üben 4 Setze die Muster fort. Zeichne jeweils die nächsten drei Figuren dazu.

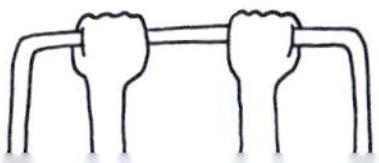

Zahlenfolgen fortsetzen

Wissen und Verstehen

Bei **Zahlenfolgen** oder auch bei **Aufgaben** zu den vier Grundrechenarten kannst du Muster entdecken. Auch Zahlenmuster können nach bestimmten **Regeln** hergestellt werden.

Zahlenfolgen:

1, 3, 5, 7, ..., ..., ..., ..., ..., 19 — Regel: +2

64, 32, 16, ..., ..., 2 — Regel: : 2

Aufgaben:

12 + 4 = ?

(+ 4, + 2)

16 + 6 = ?

20 + 8 = ?

⋮

56 + ... = ?

Zauberquadrat: Zauberzahl 15

4	9	2	15
3	5	7	15
8	1	6	15
15	15	15	15

Die Zahlen einer Zeile, einer Spalte oder der Diagonalen ergeben addiert immer 15.

Üben 1

Gib die Regel an und trage die fehlenden Zahlen ein.

Regel:

Üben 2

Ergänze die nächsten Zahlen in den Steinen, so weit du kannst, aber mindestens bis zu der angegebenen Zahl.

Üben 3

Erkennst du das Muster? Ergänze und rechne aus.

23 + 30 = 53

48 + 4 = ...	54 + 30 = ...	23 + 30 = ...
48 + 5 = ...	53 + 32 = ...	24 + 29 = ...
48 + 6 = ...	52 + 34 = ...	25 + 28 = ...
....	....	....
....	....	....
....	....	....

324 + 251 = 575

84 – 14 = ...	77 – 24 = ...	96 – 31 = ...
85 – 15 = ...	67 – 24 = ...	95 – 32 = ...
86 – 16 = ...	57 – 24 = ...	94 – 33 = ...
....	....	....
....	....	....
....	....	....

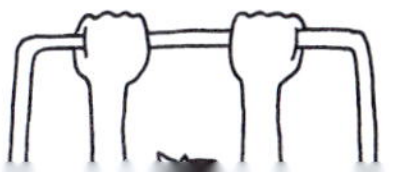

Zahlenfolgen fortsetzen

Üben 4 Berechne die Zauberzahl und ergänze die Zauberquadrate.

13		
25	16	7
10	19	

12	2	
	10	
		8

Üben 5 Ergänze die Zauberquadrate.

8		10	
	14		4
		20	6
2	24		

	3		26
	22		15
18		11	
7			2

Wissen und Verstehen

Mithilfe von Zahlen kannst du geheime Botschaften verschlüsseln. Lesen kann diese dann nur derjenige, der den Code (Schlüssel) dazu hat.
Die einfachste Verschlüsselung ist, wenn du jedem Buchstaben des Alphabets eine Zahl zuordnest.

A = 1 , B = 2, C = 3, D = 4, …, Z = 26

Verschlüsselte Botschaft:

13,	1,	20,	8,	5	9,	19,	20	20,	15,	12,	12
M	A	T	H	E	I	S	T	T	O	L	L

Üben 1 Ergänze den Code und lies die geheime Botschaft.

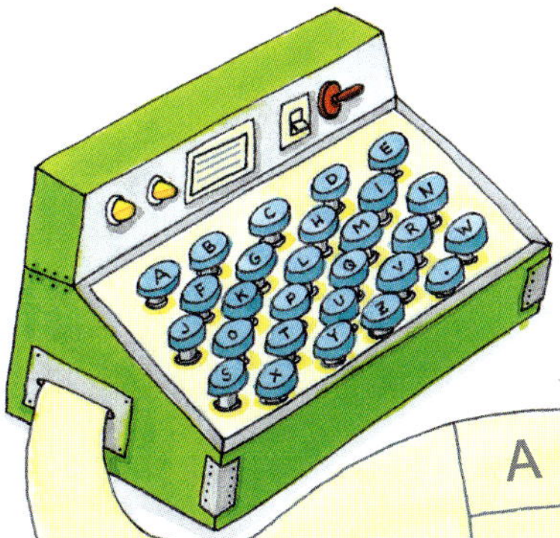

A	B	C	D	E	F	G	H	I	J	K	L	M
1	2	3										13

N	O	P	Q	R	S	T	U	V	W	X	Y	Z
14												26

4	5	20	5	11	20	9	22	1	21	6	7	1	2	5	14
….	….	….	….	….	….	….	….	….	….	….	….	….	….	….	….

19	9	14	4
….	….	….	….

19	21	16	5	18
….	….	….	….	….

Verschlüsselte Botschaften lesen

Üben 2 Knacke den Code und lies die geheime Botschaft.

A	B	C	D	E	F	G	H	I	J	K	L	M
30	31	32	33	34	35	36	37	38	39	40	41	42

N	O	P	Q	R	S	T	U	V	W	X	Y	Z
43	44	45	46	47	48	49	50	51	52	53	54	55

92 – 52	51 – 8	100 – 56	16 + 15	50 – 16	84 – 43	19 + 24
....	....	....	....	....	....	....

35 + 7	65 – 35	49 – 17	98 – 61	33 + 16
....	....	....	....	....

24 + 24	90 – 45	76 – 46	84 – 36	93 – 45
....	....	....	....	....

Üben 3 Verschlüssele die Nachricht mit dem Code von Üben 2:

ICH BIN FIT | IM RECHNEN | UND KNOBELN.

Verschlüssele die Nachricht mit einem eigenen Code.

Üben 4 Gleiche Zeichen bedeuten gleiche Zahlen. Welche Aufgaben stehen hier verschlüsselt?

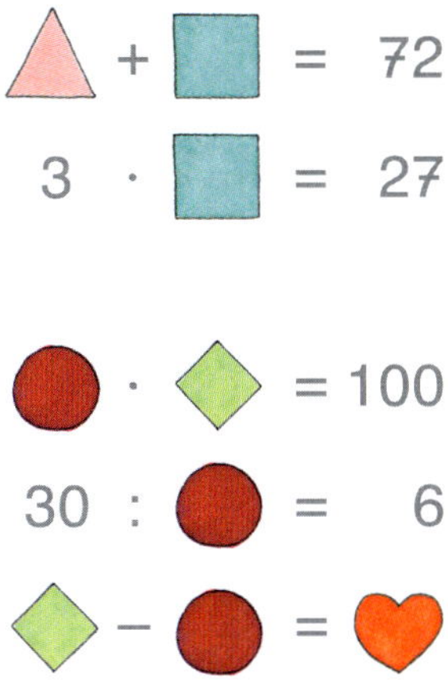

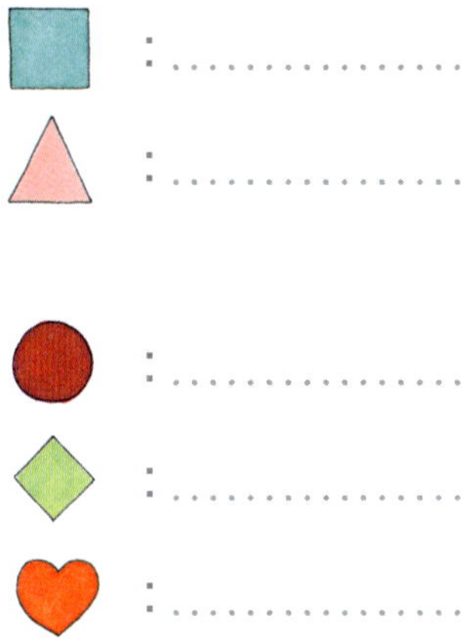

Üben 5 Finde den Code. Welche Zahl hat sich hinter welchem Zeichen versteckt?

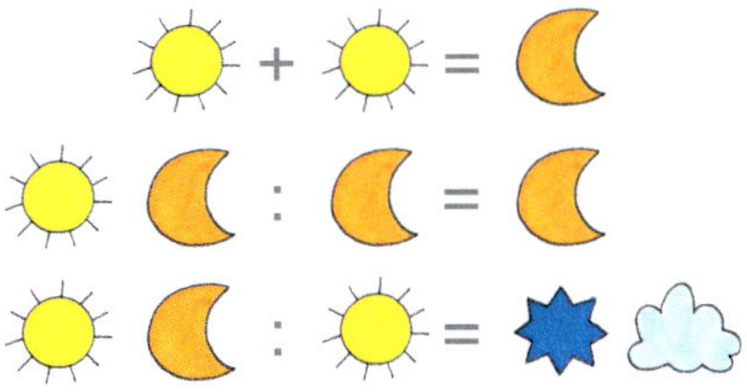

Zusammenhänge erkennen

Wissen und Verstehen

Muster und Regeln kannst du auch in Sachsituationen entdecken und anwenden.

Die Klasse 2b trinkt in jeder Pause Mineralwasser. Eine Flasche reicht für 6 Becher. Die Klasse hat noch 4 volle Flaschen.
Wie viele volle Becher ergibt das?

$\cdot 4$

Flasche	1	4
Becher	6	24

$\cdot 4$

Üben 1

Für das Sportfest werden Getränke eingekauft.
In einer Kiste sind 12 Flaschen Wasser oder 6 Flaschen Saft.
Wie viele Flaschen werden gekauft?

Kiste	1	2	3	4	5	6
Flaschen	6	12				

Kiste	1	2	3
Flaschen	12		

Antwort: Es werden .... Flaschen Apfelsaft,

.... Flaschen Orangensaft und .... Flaschen Wasser gekauft.

Üben 2

Eine Flasche Saft reicht für 5 Becher. Wie viele Becher Saft können aus einer Kiste mit 6 Flaschen ausgeschenkt werden?

Flasche	1	2	3	4	5	6	7	8	9	10
Becher										

Antwort: Es können .... Becher Saft aus einer Kiste ausgeschenkt werden.

Üben 3

Wasser wird in großen Bechern ausgeschenkt. Eine Flasche Wasser ergibt 3 Becher.
Mit wie vielen Flaschen kann man 24 Becher füllen?

4 Fl – 12 B
8 Fl – 24 B

Flasche	1	2	3	4	5	6	7	8
Becher								

Antwort: Man benötigt .... Flaschen.

Üben 4

Auf dem Sportfest wird auch fotografiert. Ein Foto kostet 10 ct. Die Kinder bestellen Fotos.
Was muss jedes Kind bezahlen?

Kind	Elif	Sophie	Artur	Alex	Miriam
Stück	1	5	3	8	6
Preis	10 ct				

Antwort: Sophie bezahlt .... ct, Artur .... ct,

Alex .... ct und Miriam .... ct.

Bist du fit?

Trainingskarte

Kannst du Regeln in Zahlenfolgen entdecken?

12, 14, 16, 18, 20 Regel: .... 1, 3, 9, 27, 81 Regel: ....

80, 40, 20, 10, 5 Regel: .... 8, 4, 16, 8, 32, 16 Regel: ....

33, 30, 27, 24, 21 Regel: .... 21, 27, 25, 31, 29, 35, 33 Regel: ....

Überlege, in welcher Beziehung die beiden Ausgangszahlen stehen.

- Rechne den Unterschied zwischen der ersten und der zweiten und der zweiten und der dritten Zahl aus.
- Ist der Unterschied gleich groß, dann weißt du, dass die Regel + oder − ist.
  Ist der Unterschied immer wieder anders, dann weißt du, dass die Regel · oder : ist.
  Du musst jetzt noch die genaue Zahl durch Ausprobieren herausfinden.
- Manchmal gibt es für eine Zahlenfolge mehr als eine Regel, dann musst du einfach mehrere vorgegebene Zahlen anschauen.

Schreibe die richtige Regel hinter die Zahlenfolge auf der **Trainingskarte**.

· 3 | + 2 | − 3 | : 2 | : 2 · 4 | + 6 − 2

Testen

Bist du fit?

Trainingskarte

Kannst du Regeln bei Zauberquadraten anwenden?

8		
	5	
6		2

Zauberzahl: 15

	13		
	3		15
	12		14
9	16	5	

Zauberzahl: ....

19	3			
11	25	9	18	2
8				24
	14	23	7	
22		20	4	13

Zauberzahl: ....

Überlege, wie die Zauberzahl lautet:

- Überprüfe zuerst, welche Spalte, Zeile oder Diagonale vollständig ausgefüllt ist. Du addierst alle vorgegebenen Zahlen. Das ist die Zauberzahl.
- Wenn du die Zauberzahl kennst und fehlende Zahlen ergänzen möchtest: Du überprüfst zuerst, in welcher Spalte, Zeile oder Diagonalen nur ein leeres Feld ist. Du addierst dann alle vorgegebenen Zahlen und subtrahierst diese von der Zauberzahl. So machst du es, bis alle Felder ausgefüllt sind.

Male auf der **Trainingskarte** die Spalte, Zeile oder Diagonale an, mit der du beginnst. Ergänze die fehlenden Zahlen.

Geldbeträge zusammenstellen und ordnen

Wissen und Verstehen

In vielen europäischen Ländern wird als Währung (Geld) **Euro (€)** und **Cent (ct)** verwendet.

1 Euro = 100 Cent
1 € = 100 ct

Geldbeträge kannst du unterschiedlich aufschreiben:

7 Euro 13 Cent oder 7 € 13 ct oder 7,13 €

Du kannst Geldbeträge nach ihrem Wert ordnen und vergleichen.

3,10 € < 12,10 € 502 ct > 205 ct 2,30 € = 230 ct

Üben 1

Wie viel Geld ist in den einzelnen Sparschweinen?

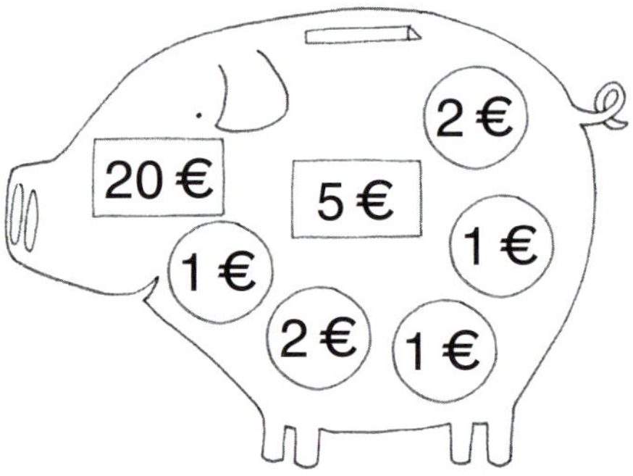

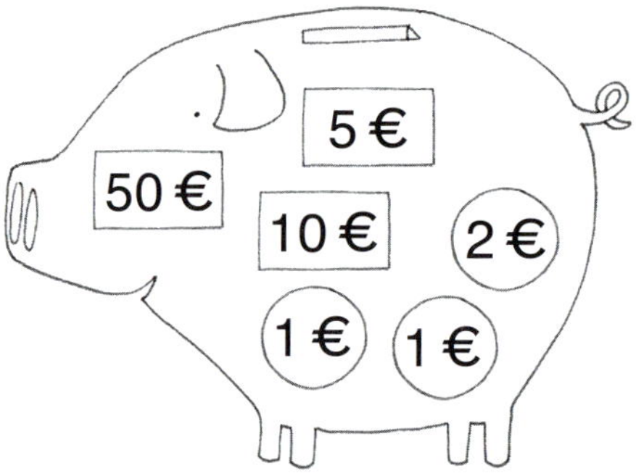

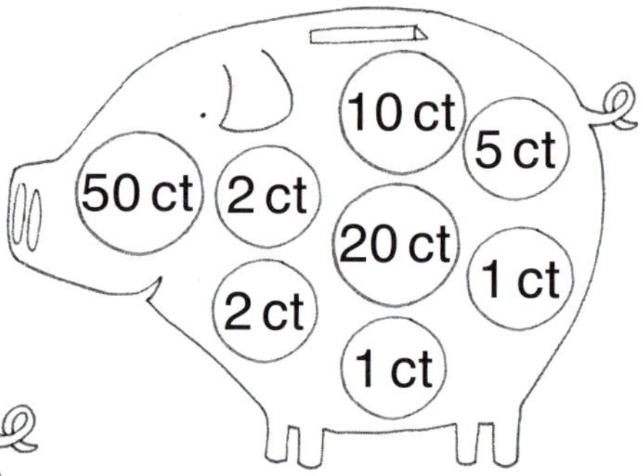

Üben 2 Ordne die Geldbeträge von Üben 1 nach der Größe.

.... < .... < ....

Üben 3 Wie kannst du 25 € nur mit Geldscheinen bezahlen?

Zeichne die vier Möglichkeiten in die Geldbeutel.

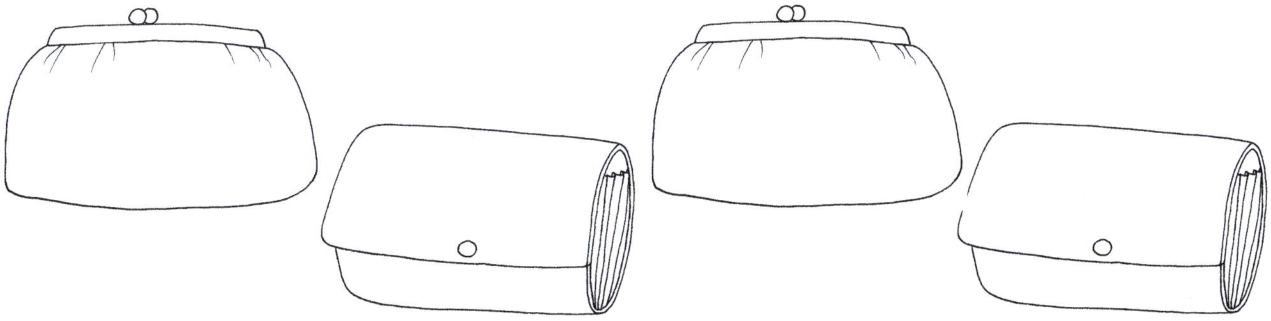

Üben 4 Berechne die Geldbeträge in jeder Zeile.

20 €	10 €	5 €	2 €	1 €	50 ct	20 ct	10 ct	5 ct	Betrag
2	–	3	1	1	–	–	–	–	
–	–	1	–	2	–	–	–	–	
–	–	–	–	–	–	3	1	1	
3	1	–	2	1	–	–	–	–	
–	–	–	–	–	–	3	1	3	

Üben 5 Ordne die Geldbeträge von Üben 4 nach der Größe.

.... > .... > .... > .... > ....

Mit Geldbeträgen rechnen

Wissen und Verstehen

Du kannst Geldbeträge **addieren, subtrahieren, multiplizieren** und **dividieren.**

6 € + 5 € = **11 €** 82 ct – 16 ct = **66 ct**

4 · 3 € = **12 €** 16 € : 4 = **4 €**

Wichtig ist, dass du beim Ergebnis die richtige Maßeinheit angibst.

Üben 1 Berechne, was bezahlt werden muss.

Schuhe
Tasche

Hemd
Hose

Tasche
Hemd

Hemd
Hose
Schuhe

15
+
12
+
39
66

Üben 2 Rechne aus.

41 ct + 58 ct = ...

50 ct + 37 ct = ...

49 € + 19 € = ...

95 ct – 59 ct = ...

60 ct – 25 ct = ...

85 € – 36 € = ...

27 ct + ... = 50 ct

59 ct + ... = 100 ct

81 € + ... = 100 €

100 ct – .... = 52 ct

100 ct – .... = 19 ct

100 € – .... = 23 €

Üben 3 Berechne und zeichne das Rückgeld.

Preis	gegeben	zurück
39 €	100 €	
15 €	50 €	
24 €	20 € 20 €	

Üben 4 Zeichne das Rückgeld. Was fällt dir auf?

Preis	gegeben	zurück
12 €	20 € 2 €	
55 €	100 € 5 €	
16 €	20 € 1 €	

Mit Geldbeträgen rechnen

Üben 5 Wie viel Geld fehlt? Schreibe die Rechnung und zeichne möglichst wenig Scheine und Münzen dazu.

100 €

50 € | 5 € | 5 € | 5 € | 1 € | 1 €

....

59 €

20 € | 20 € | 5 € | 5 € | 2 € | 2 €

....

Üben 6 Max bekommt für das Sportfest neue Turnschuhe für 29 € und einen Jogginganzug für 69 €. Er hat 100 €.

Frage: Wie viel Geld hat Max nach dem Einkauf noch übrig?

Rechnung:

Antwort: ....

Üben 7 Kerim hat 36 € gespart, Oli 42 € und Lena 29 €.

Kerim hat .... € mehr als Lena.

Oli hat .... € mehr als Kerim.

Lena hat .... € weniger als Oli.

Üben 8 Berechne die Fahrpreise für eine Fahrt.

Fahrpreise	
Erwachsene:	
1 Fahrt	2 €
5 Fahrten	9 €
Kinder:	
1 Fahrt	1 €
5 Fahrten	4 €

 ____ €  ____ €  ____ €  ____ €

Üben 9 Die Klasse 2c fährt mit 23 Kindern und ihren beiden Lehrerinnen zum Zoo. Später fahren sie wieder mit dem Bus zurück. Wie hoch sind die Fahrtkosten? Rechne mit der Tabelle von Üben 8.

Rechnung:

Antwort: ....

Geldrätsel — Extrarunde

Pascal und Zoe haben zusammen 100 €. Zoe hat 22 € mehr als Pascal. Wie viel Euro besitzen die Kinder jeweils?

Längen messen

Wissen und Verstehen

Du kannst **Längen** mit ganz unterschiedlichen **Messgeräten** messen: mit einem Lineal, einem Geodreieck, einem Metermaß oder einem Zollstock.

Das Messgerät musst du immer bei 0 anlegen.

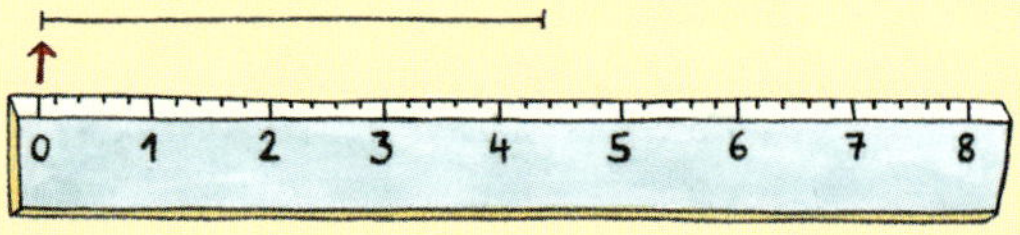

Je nach Messgerät sind die Längenmaße in Metern, Zentimetern oder Millimetern angegeben.

1 m = 100 cm
1 cm = 10 mm

So kannst du Längenmaße aufschreiben:

5 cm   3 m   4 m 2 cm   8 mm   3 cm 2 mm

Üben 1 Welche Längenangabe passt?

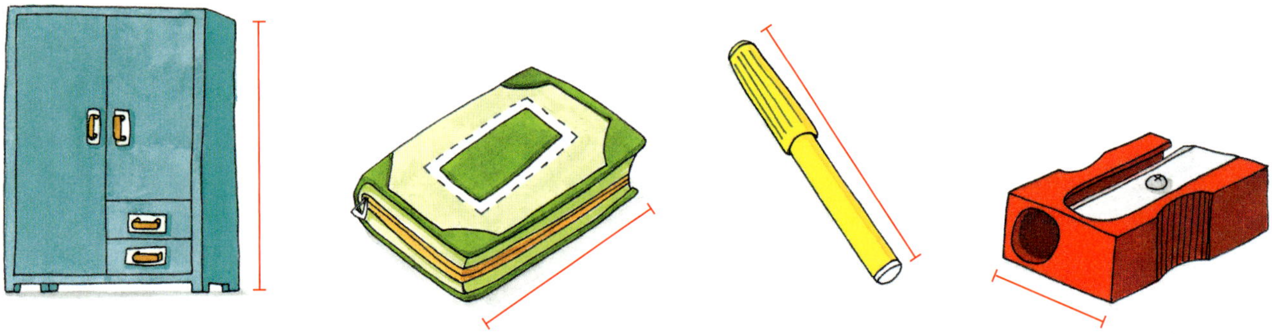

20 m   1 m 80 cm   60 cm   20 cm   17 cm

6 cm   2 cm   80 cm   10 cm

Üben 2

Suche und notiere Gegenstände, die ungefähr diese Länge haben. Miss dann die genaue Länge und schreibe sie auf.

10 cm: mein Bleistift 9 cm, ...

1 m: ....

30 cm: ....

50 cm: ....

Üben 3

Miss die Streifen. Male gleich lange Streifen mit der gleichen Farbe an.

.... cm .... cm .... cm

.... cm .... cm .... cm .... cm

.... cm .... cm .... cm

Üben 4

Zeichne mit dem Lineal Strecken in der angegebenen Länge.

70 mm

12 cm

95 mm

5 cm

11 cm

Längen vergleichen und ordnen

Wissen und Verstehen

Du kannst Längen miteinander vergleichen und der Größe nach ordnen, wenn sie in der gleichen Maßeinheit stehen.

$3\text{ m} \overset{<}{\underset{=}{>}} 5\text{ m}$? 3 m ist kürzer als 5 m. $3\text{ m} < 5\text{ m}$

Manchmal musst du aber auch zuerst in die gleiche Maßeinheit umwandeln.

$1\text{ m} \overset{<}{\underset{=}{>}} 20\text{ cm}$?

$1\text{ m} = 100\text{ cm}$ 100 cm ist länger als 20 cm. $100\text{ cm} > 20\text{ cm}$

Üben 1

Nur der beste Wurf zählt. Kreise bei jedem Kind den weitesten Wurf ein. Fülle dann die Liste aus.

Name	1. Wurf	2. Wurf	3. Wurf
Moritz	14 m	17 m	15 m
Lena	19 m	18 m	21 m
Hakan	22 m	24 m	23 m
Anna	20 m	19 m	22 m
Nic	21 m	23 m	17 m

Platz	Name	Weite
1.		
2.		
3.		

Üben 2 Vergleiche und setze >, < oder = ein.

1 m	◯	1 cm	1 m 9 cm	◯	10 cm
10 cm	◯	10 m	4 m 4 cm	◯	44 cm
100 cm	◯	1 m	2 m 20 cm	◯	20 m
100 mm	◯	1 cm	7 cm 4 mm	◯	74 mm
1 m	◯	10 mm	5 m 45 cm	◯	55 cm
1 cm	◯	10 mm	6 m 6 cm	◯	66 cm

Üben 3 Max hat beim Weitsprung gewonnen.

Das waren seine Ergebnisse: 2 m 57 cm, 2 m 20 cm, 2 m 75 cm.
Ordne sie nach der Größe.

.... > .... > ....

Üben 4 Miss die Länge der Nägel in Millimetern.

.... mm

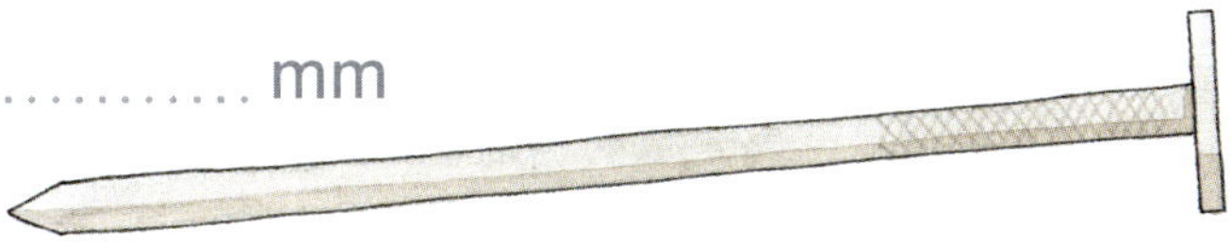

.... mm

.... mm

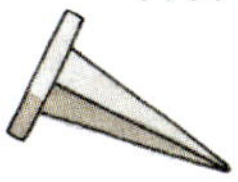

.... mm

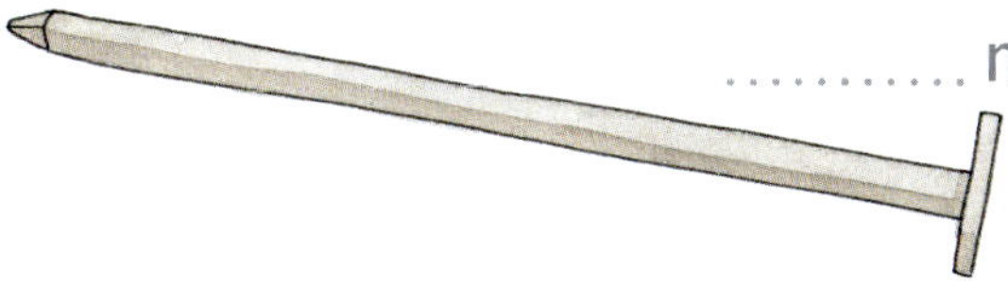

.... mm

Der längste Nagel ist .... cm .... mm lang.

Der kürzeste Nagel ist .... cm .... mm lang.

Mit Längenmaßen rechnen

Wissen und Verstehen

Zahlen mit Längenmaßen kannst du **addieren, subtrahieren, multiplizieren** und **dividieren.**

32 m + 24 m = 56 m   6 m – 2 m = 4 m

2 · 6 cm = 12 cm   24 cm : 3 = 8 cm

Wichtig ist, dass du beim Ergebnis die richtige Maßeinheit angibst.

Üben 1 Wie lang sind die Wege?

Weg A: ....

Weg B: ....

Üben 2 Rechne.

18 cm + 27 cm = ...   12 m + 75 m = ...

97 cm – 15 cm = ...   100 m – 61 m = ...

Üben 3 Ergänze.

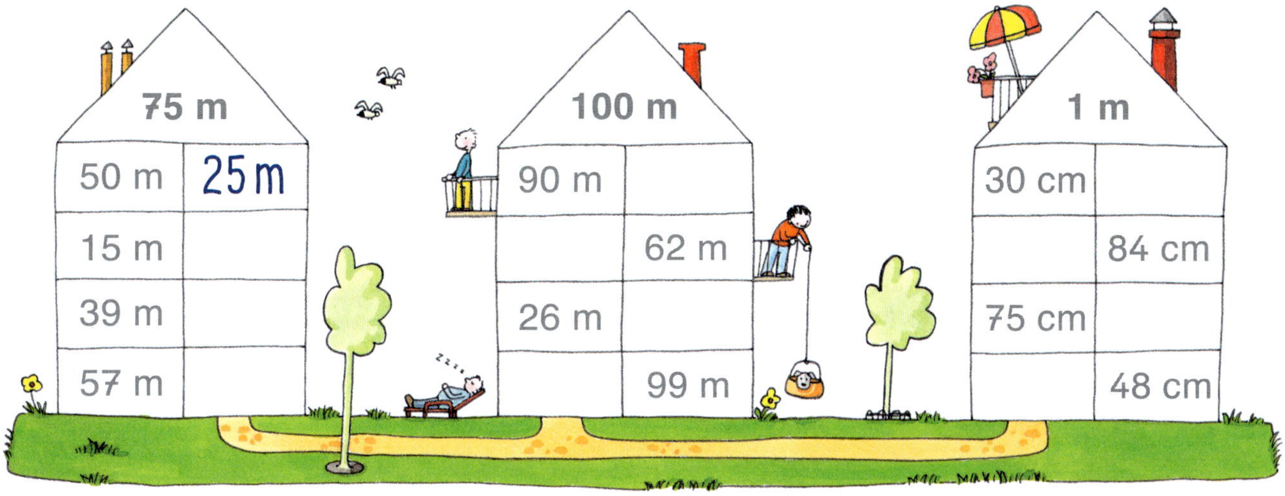

Üben 4 Schneide eine Schnur von 1 m Länge in gleich lange Teile. Schreibe auf, wie lang die einzelnen Teile sind.

In 2 Teile: Jedes Teil ist .... lang.

In 10 Teile: Jedes Teil ist .... lang.

In 5 Teile: Jedes Teil ist .... lang.

In 4 Teile: Jedes Teil ist .... lang.

Messen einmal anders — Extrarunde

Auf diesen alten Linealen sind nicht mehr alle Zahlen zu erkennen. Wie kannst du 3 cm und 4 cm lange Strecken trotzdem ablesen? Zeichne die Strecken auf den Linealen farbig ein.

Mit Monaten, Wochen und Tagen rechnen

Wissen und Verstehen

Die Zeit wird in **Jahren, Monaten, Wochen, Tagen** oder in **Stunden, Minuten** und **Sekunden** gemessen.

1 Jahr = 12 Monate = 365 Tage oder 366 Tage

1 Monat dauert zwischen 28 und 31 Tage.

1 Woche = 7 Tage

Üben 1 Wandle um.

2 Jahre = ... Monate	36 Monate = ... Jahre
8 Jahre = ... Monate	72 Monate = ... Jahre
4 Jahre 2 Monate = ... Monate	63 Tage = ... Wochen
2 Wochen 3 Tage = ... Tage	21 Tage = ... Wochen
6 Wochen 5 Tage = ... Tage	56 Tage = ... Wochen

Üben 2 Markiere die kürzeste Zeitspanne.

3 Wochen | 19 Tage | 2 Wochen 3 Tage

26 Tage | 3 Wochen 4 Tage | 1 Monat

Wissen und Verstehen

Die Zeiger einer Uhr zeigen die **Uhrzeiten** an: Der kleine Zeiger (Stundenzeiger) zeigt die Stunden, der große Zeiger (Minutenzeiger) zeigt die Minuten an. Der kleine Zeiger muss an einem Tag zweimal um das Ziffernblatt herumwandern, weil ein Tag zweimal 12 Stunden hat. Der Tag beginnt um Mitternacht.

11.00 Uhr (Tag)
23.00 Uhr (Nacht)

Ein **Tag** hat **24 Stunden.** 1 Tag = 24 h

Üben 1 Lies immer beide Uhrzeiten ab und schreibe sie auf.

Tag: .... Uhr Tag: .... Uhr Tag: .... Uhr Tag: .... Uhr

Nacht: .... Uhr Nacht: .... Uhr Nacht: .... Uhr Nacht: .... Uhr

Üben 2 Zeichne die Uhrzeiger ein für: 13.00 Uhr, 7.00 Uhr, 9.00 Uhr, 17.00 Uhr und 21.00 Uhr. Warum brauchst du nur vier Uhren?

Wissen und Verstehen

Der Minutenzeiger wandert in einer Stunde einmal um das Ziffernblatt. Dann sind 60 Minuten vorbei.

Eine **Stunde** hat **60 Minuten.** 1 h = 60 min

$\frac{1}{2}$ h = 30 min

$\frac{1}{4}$ h = 15 min

$\frac{3}{4}$ h = 45 min

Eine **Minute** hat **60 Sekunden.** 1 min = 60 s

So schreibst du **Uhrzeiten** auf:

8.15 Uhr

20.15 Uhr

8.15 Uhr

20.15 Uhr

Üben 1 Jede Uhr zeigt zwei Uhrzeiten an.

………… Uhr

………… Uhr

………… Uhr

………… Uhr

………… Uhr

………… Uhr

………… Uhr

………… Uhr

Üben 2 Zeichne die Uhrzeiger ein.

10.30 Uhr

19.15 Uhr

3.40 Uhr

5.55 Uhr

Üben 3 Wie spät ist es? Schreibe die passende Uhrzeit auf.

Zeitpunkte und Zeitspannen bestimmen

Wissen und Verstehen

Der **Zeitpunkt** gibt an, wann etwas beginnt oder wann etwas aufhört.

Die **Zeitspanne** gibt an, wie lange etwas dauert.

7.00 Uhr	+ 2 Stunden (h) →	9.00 Uhr
Zeitpunkt	Zeitspanne	Zeitpunkt

Üben 1

Zeichne die fehlenden Zeiger ein und schreibe alle Uhrzeiten auf.

.... Uhr

.... Uhr

4 Stunden später →

.... Uhr

.... Uhr

.... Uhr

.... Uhr

2 Stunden später →

.... Uhr

.... Uhr

.... Uhr

.... Uhr

30 Minuten später →

.... Uhr

.... Uhr

Üben 2 Wie lange dauert es? Zeichne die Zeiger in die Uhren ein und berechne die Zeitspannen.

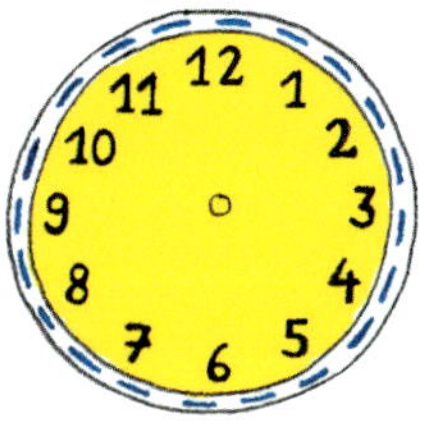

15.00 Uhr → + ... → 18.00 Uhr

21.00 Uhr → + ... → 6.00 Uhr

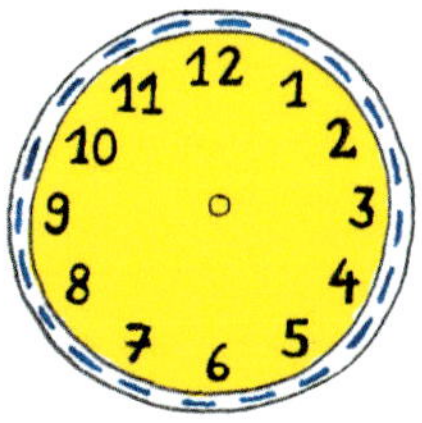

16.00 Uhr → + ... → 17.30 Uhr

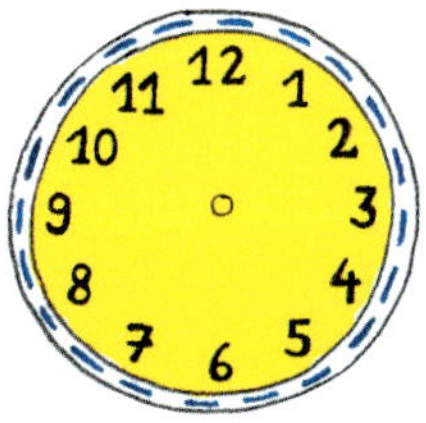

12.30 Uhr → + ... → 17.15 Uhr

Üben 3 Immer zwei Kärtchen gehören zusammen.

zehn vor neun	Viertel nach zwölf	vier Uhr nachmittags	viertel zwölf

Viertel vor elf	drei viertel sieben	halb neun	16.00 Uhr

8.50 Uhr	6.45 Uhr	10.45 Uhr	12.15 Uhr	11.15 Uhr	8.30 Uhr

Zeitpunkte und Zeitspannen bestimmen

Üben 4 Berechne die Zeitpunkte und trage sie ein.

12.30 Uhr	70 Minuten später →	....
19.50 Uhr	4 h 10 min später →	....
8.00 Uhr	45 Minuten früher →	....
14.10 Uhr	2 h 10 min früher →	....

Üben 5 Kreuze an, was stimmt.

Kinder-Kanal

12.00 Uhr: Piratenfamilie
13.10 Uhr: Tommi & Jasmin
13.35 Uhr: Der Buschpilot
14.05 Uhr: Die Kinder vom Berg
15.00 Uhr: Tigerenten-Verein
16.30 Uhr: Petzi und seine Freunde
16.40 Uhr: Hippo Hurra
16.50 Uhr: Kindernachrichten
17.00 Uhr: Dino & Co
17.30 Uhr: Achtung! Streng geheim!
18.50 Uhr: Der Sandmann

- Dino & Co dauert eine halbe Stunde. ☐
- Die Kindernachrichten dauern 5 Minuten. ☐
- Der Tigerenten-Verein dauert 90 Minuten. ☐
- Der Sandmann beginnt 10 nach sechs. ☐
- Hippo Hurra dauert eine halbe Stunde. ☐

Üben 6

Ella beginnt um 14.30 Uhr mit ihren Hausaufgaben. Sie braucht 45 Minuten. Wann ist sie fertig?

Rechnung:

Antwort: ....

Üben 7

Max ist gerade im Stadion angekommen. Bald beginnt das Training.

Wie spät ist es jetzt? .... Uhr

Vor 30 Minuten ist er von zu Hause weggegangen. Wie spät war es da? .... Uhr

In einer Viertelstunde beginnt das Training. Wie spät ist es dann? .... Uhr

Das Training ist um 17.00 Uhr zu Ende. Wie lange dauert das Training? .... min

Große Zeiger – kleine Zeiger — Extrarunde

Der kleine Zeiger meiner Uhr steht genau in der Mitte zwischen der 6 und der 7. Wo steht dann der große Zeiger? Welche Uhrzeiten sind möglich?

Trainingskarte

Kannst du Maßeinheiten umwandeln?

2 cm = …….. mm 40 mm = …….. cm 1 cm 7 mm = …….. mm

3 cm 2 mm = …….. mm 2 cm 3 mm = …….. mm

38 mm = …….. cm …….. mm 1 m = …….. cm

70 mm = …….. cm 60 mm = …….. cm 58 mm = …….. cm …….. mm

45 cm = …….. mm 7 cm = …….. mm

Überlege:

- Hast du bei Längen daran gedacht, dass 10 Millimeter 1 Zentimeter und 100 Zentimeter 1 Meter sind?
- Hast du daran gedacht, dass die Zahl größer wird, wenn du in eine kleinere Einheit umwandelst?
- Hast du daran gedacht, dass die Zahl kleiner wird, wenn du in eine größere Einheit umwandelst?

Trage das passende Ergebnis in die jeweilige Aufgabe auf der **Trainingskarte** ein.

17 mm 70 mm 100 cm 20 mm 54 mm
3 cm 2 mm 4 cm 7 cm 10 m 10 cm 1 m
23 mm 450 mm 32 mm 3 cm 8 mm 5 cm 8 mm 6 cm

? Kannst du Uhrzeiten ablesen?

Trainingskarte

Tag: ....
Nacht: ....

Tag: ....
Nacht: ....

Tag: ....
Nacht: ....

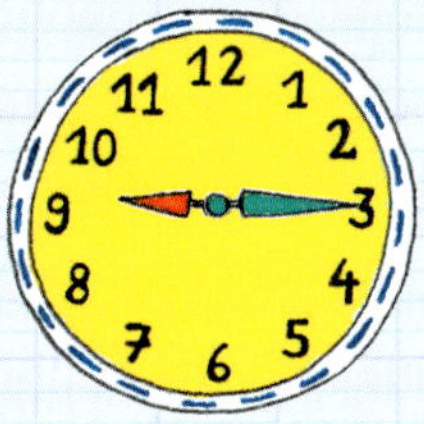

Tag: ....
Nacht: ....

Tag: ....
Nacht: ....

Tag: ....
Nacht: ....

Tag: ....
Nacht: ....

Tag: ....
Nacht: ....

Überlege:

- Wo steht der kleine Zeiger?
- Wo steht der große Zeiger?

- Wie lautet die Uhrzeit am Tag?
- Wie lautet die Uhrzeit in der Nacht?

Trage die Uhrzeiten auf der **Trainingskarte** ein.

3.25 Uhr 7.40 Uhr 11.55 Uhr 9.15 Uhr

1.30 Uhr 0.40 Uhr 11.05 Uhr 5.11 Uhr

23.05 Uhr 23.55 Uhr 13.30 Uhr 19.40 Uhr

17.11 Uhr 15.25 Uhr 12.40 Uhr 21.15 Uhr

Wissen und Verstehen

Sachaufgaben sind häufig in Textform geschrieben. Die Texte musst du genau lesen, um die richtigen Daten für die Rechnung herauszufinden.

Seref kauft 4 Zehnerkarten für das Schwimmbad.
Er bezahlt 24 €.
Was kostet eine Zehnerkarte?

Lösungsschritte:

1. Genau lesen. 
2. Text nacherzählen. 
3. Wichtige Angaben unterstreichen. 4 Zehnerkarten 24 €
4. Eine Frage finden. Was kostet eine Zehnerkarte?
5. Eine Zeichnung oder Skizze anfertigen. 
6. Rechenschritte aufschreiben. 24 € : 4 = **?**
7. Rechenschritte ausrechnen. 24 € : 4 = 6 €
8. Ergebnis mit Probeaufgabe kontrollieren. 6 € · 4 = 24 €
9. Die Frage noch einmal lesen und die Antwort aufschreiben. Eine Zehnerkarte kostet 6 €. 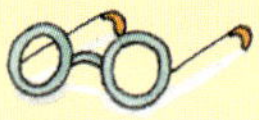

Üben 1 Kreuze die Fragen an, die du beantworten kannst.

Von der Klasse 2b sind 15 Schwimmer und 12 Nichtschwimmer im Schwimmbad. 3 Kinder sind krank und können nicht mitkommen.

Wie lange ist die Klasse unterwegs? ☐

Wie viele Mädchen können schwimmen? ☐

Wie viele Kinder sind in der Klasse 2b? ☐

Üben 2 Unterstreiche wichtige Angaben im Text von Üben 1.
Schreibe die Frage und die Rechnung auf. Beantworte die Frage.

Frage: ....

Rechnung:

Antwort: ....

Üben 3 Wende die Lösungsschritte von Seite 92 an.

Das Waldschwimmbad hat neue Eintrittspreise.
Kinder zahlen 1,50 € und Erwachsene 3 €.
Familie Luft fährt am Sonntag um 10.30 Uhr mit ihren 3 Kindern ins Schwimmbad.
Herr Luft bezahlt an der Kasse mit einem 20-Euro-Schein.
Was bekommt er zurück?

Daten in Pfeilbilder übertragen

Wissen und Verstehen

Du kannst Daten in **Schaubilder** wie Pfeilbilder, Rechenbäume, Tabellen oder Diagramme übertragen.
Schaubilder helfen auch, die Daten auf einen Blick zu erfassen und Rechenwege zu verdeutlichen.

Schaubilder wie **Pfeilbilder** kommen meistens bei Aufgaben vor, bei denen mit Zeiteinheiten gerechnet wird.

Jan geht um 20.30 Uhr ins Bett und liest noch eine Viertelstunde. Dann macht er das Licht aus. Wie spät ist es dann?

20.30 Uhr —(+ 15 min)→ 20.45 Uhr

Üben 1

Wie lange dauern diese Kindersendungen?
Fertige ein Pfeilbild an.

Löwentrio: 14.55 Uhr bis 15.20 Uhr

Lirumlarum: 16.50 Uhr bis 17.20 Uhr

Üben 2 Im Waldschwimmbad gibt es eine tolle Wasserrutschbahn. Sie ist 85 m lang. Wie viele Meter fehlen bis 100 m?
Löse die Aufgabe mit einem Pfeilbild.

Pfeilbild:

Antwort: ....

Üben 3 Lies die Fahrzeiten ab. Schreibe sie auf.

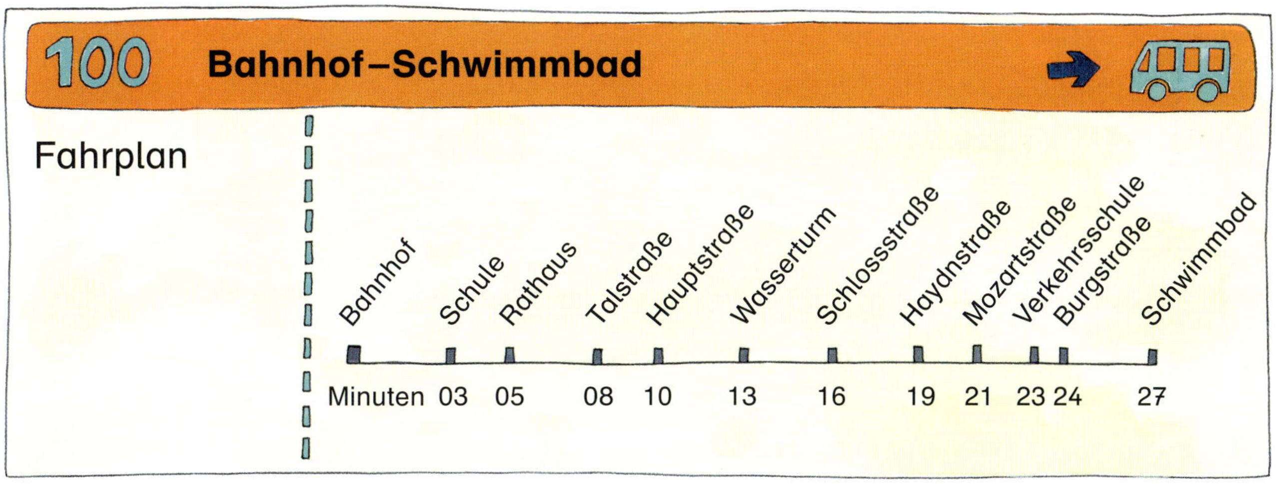

vom Bahnhof ⟶ bis Schwimmbad
vom Bahnhof ⟶ bis Schlossstraße
von Haydnstraße ⟶ bis Schwimmbad
vom Wasserturm ⟶ bis Burgstraße

Daten in Tabellen übertragen und umgekehrt

Wissen und Verstehen

Die Daten von Sachsituationen findest du häufig in **Tabellen** dargestellt. Das ist sehr übersichtlich. Deshalb kannst du die Daten schnell und einfach ablesen.

Die Tabelle zeigt das Alter der Jungen und Mädchen bei einem Schwimmfest.

Alter	Anzahl der Mädchen	Anzahl der Jungen
7–8	13	15
9–10	14	12
11–12	21	24
13–14	11	9

Üben

Die Kinder der Klasse 2c haben eine Geburtstagstabelle erstellt. Beantworte die Fragen.

Jan.	Feb.	März	April	Mai	Juni	Juli	Aug.	Sept.	Okt.	Nov.	Dez.
I	II	II	III	I	III	~~IIII~~	III	II		I	IIII

In welchem Monat haben die meisten Kinder Geburtstag? ....

In welchem Monat feiert kein Kind Geburtstag? ....

In welchem Monat feiern drei Kinder Geburtstag? ....

Wie viele Monate hat ein Jahr? ....

Wie viele Kinder sind in der Klasse 2c? ....

Wissen und Verstehen

In **Diagrammen** sind Daten übersichtlich dargestellt. Du kannst vielfältige Informationen auf einen Blick ablesen.

Nic sammelt Spielzeugautos. Er hat 8 rote, 6 blaue, 3 gelbe und 4 weiße Autos.

Streifendiagramm:

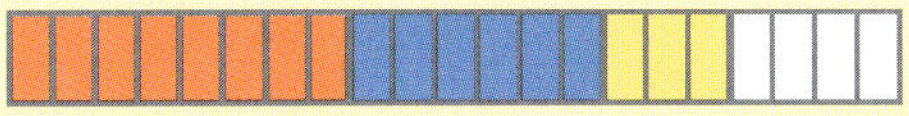

Säulendiagramm:

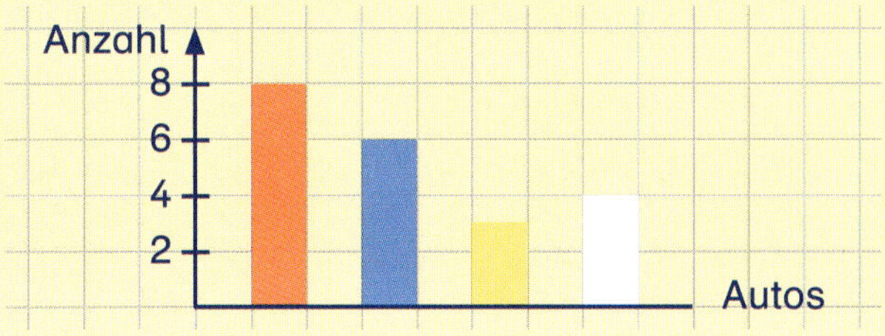

Üben 1 Die Klasse 2a plant einen Ausflug. Die 28 Kinder überlegen zuerst gemeinsam Ausflugsziele und stimmen dann ab. Das Ergebnis haben sie in einem Streifendiagramm dargestellt.

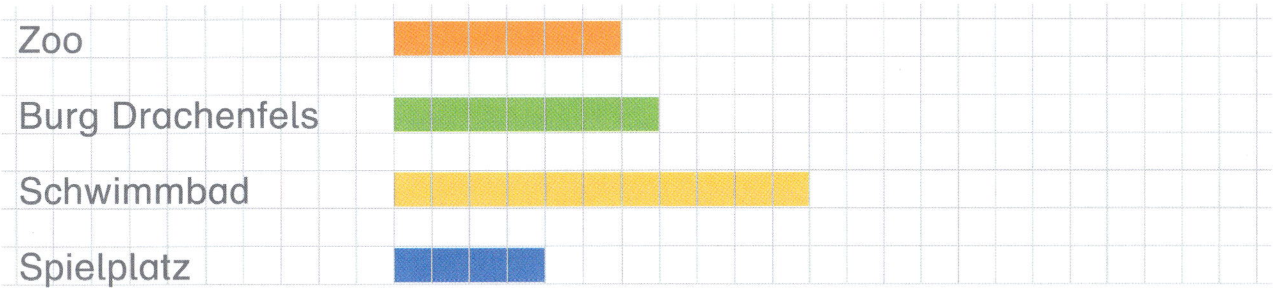

Wohin geht der Ausflug der Klasse 2a? ....

Wie viele Kinder möchten am liebsten in den Zoo? ....

Wie viele Kinder entscheiden sich für die Burg Drachenfels? ....

Wie viele Kinder sind in der Klasse 2a? ....

Wie viele Mädchen sind in der Klasse 2a? ....

Daten in Diagramme übertragen und umgekehrt

Üben 2 In der Klasse 2c sind 5 Jungen und 6 Mädchen Schwimmer, 5 Jungen und 5 Mädchen Anfänger und 3 Jungen und 4 Mädchen Nichtschwimmer. Zeichne das Säulendiagramm fertig. Male für jedes Kind ein Kästchen aus.

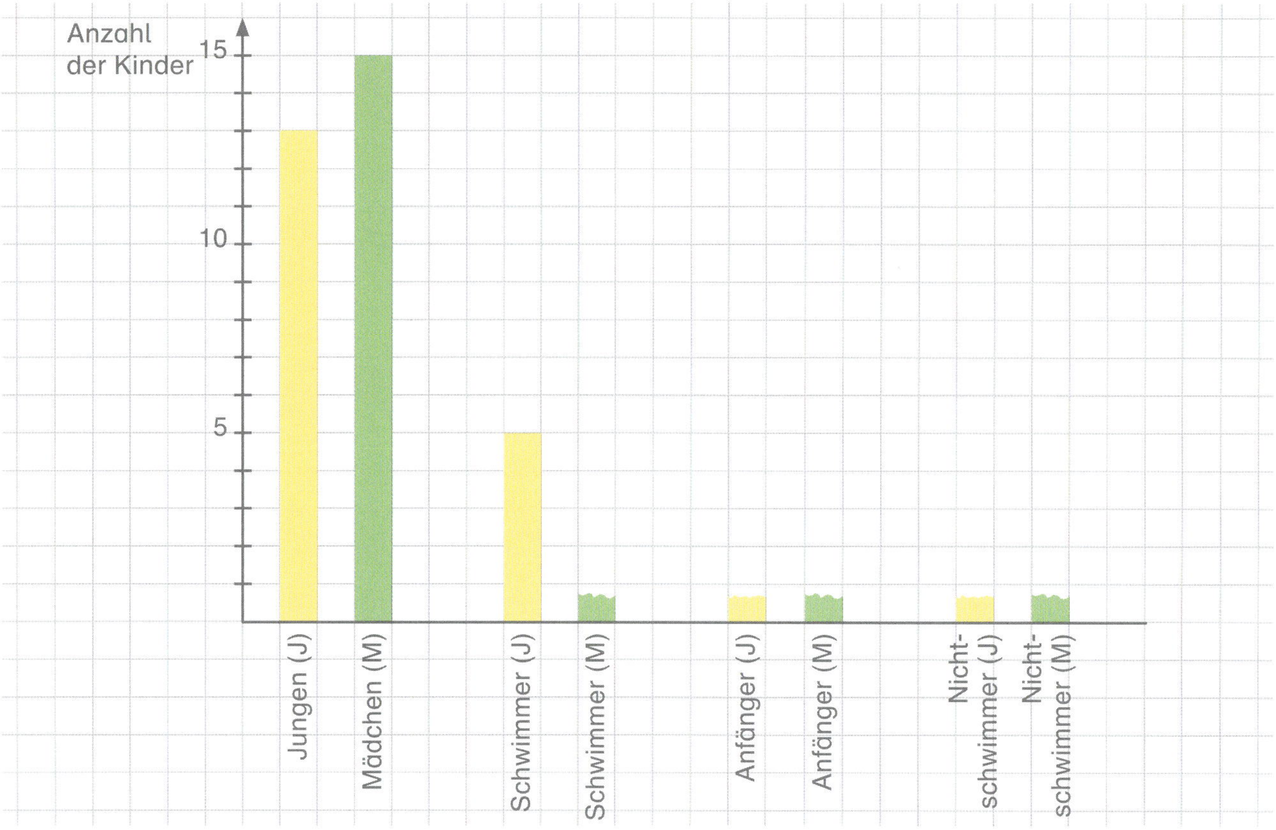

Üben 3 Beantworte die Fragen mithilfe des Diagramms von Üben 2.

Wie viele Mädchen sind in der Klasse? ....

Wie viele Jungen sind in der Klasse? ....

Wie viele Kinder sind in der Klasse? ....

Wie viele Jungen sind Nichtschwimmer? ....

Wie viele Mädchen gehören zu den Schwimmern? ....

Wie viele Anfänger gibt es? ....

Wissen und Verstehen

Aufgaben mit Würfeln gehören zu den Zufallsexperimenten. Bei vielen Würfelspielen kann die Gewinnchance nicht sicher vorausgesagt werden, weil sie vom Würfelglück abhängt.

Es wird mit zwei Würfeln gespielt. Jeder Mitspieler sucht sich eine Zahl zwischen 2 und 12 aus. Aus den gewürfelten Augen wird die Summe gebildet. Wer zuerst seine Zahl würfelt, gewinnt.

Bei manchen Würfelspielen können alle möglichen Ergebnisse berechnet werden.

Lina würfelt mit zwei Spielwürfeln und addiert die Würfelaugen. Welche Summen kann sie würfeln?
Lösung: 2, 3, 4, 5, 6, 7, 8, 9, 10, 11, 12

Üben 1

Levin würfelt fünfmal mit einem Würfel und zählt die Würfelaugen zusammen.

Welches ist das kleinstmögliche Ergebnis?

.... + ... + ... + ... + ... =

Welches ist das größtmögliche Ergebnis?

.... + ... + ... + ... + ... =

Üben 2

Jetzt würfelt Levin mit zwei Würfeln fünfmal. Welches ist das größtmögliche Ergebnis?

....

Mit Würfeln spielen

Üben 3

Würfle ganz oft mit einem Würfel.
Halte die Ergebnisse in einer Strichliste fest.

⚀	⚁	⚂	⚃	⚄	⚅

Welche Augenzahl hast du am häufigsten gewürfelt? ....

Welche Augenzahl hast du gar nicht gewürfelt? ....

Üben 4

Lukas und Lise würfeln mit drei Würfeln und addieren bei jedem Wurf die Augenzahlen.

Welches ist die kleinstmögliche Augensumme?

.... + ... + ... =

Welches ist die größtmögliche Augensumme?

.... + ... + ... =

Üben 5

Die Kinder spielen mit drei Würfeln „13 gewinnt“.
Male so viele Möglichkeiten auf, wie du findest.

⚅ + ⚁ + ⚄ = 13

☐ + ☐ + ☐ = 13

☐ + ☐ + ☐ = 13

☐ + ☐ + ☐ = 13

☐ + ☐ + ☐ = 13

Üben 6

Zwei Kinder spielen mit zwei Würfeln. Sie bilden mit den beiden gewürfelten Zahlen eine Malaufgabe. Ergänze die Tabelle. Was fällt dir auf?

$3 \cdot 4 = 12$

·	⚀	⚁	⚂	⚃	⚄	⚅
⚀						
⚁						
⚂						
⚃			12			
⚄						
⚅						

Würfelglück mit Köpfchen — Extrarunde

Felix und Lena spielen mit zwei Würfeln und bilden Malaufgaben.
Jeder Mitspieler darf sich eine Zahl zwischen 1 und 36 aussuchen.
Wer zuerst seine Zahl gewürfelt hat, hat gewonnen.
Welche Zahl hat eine gute Gewinnchance? Begründe deine Antwort.
Nenne mindestens drei Zahlen, die keine Gewinnchance haben.
Begründe deine Feststellung.

Kannst du Daten richtig in Diagramme übertragen?

Trainingskarte

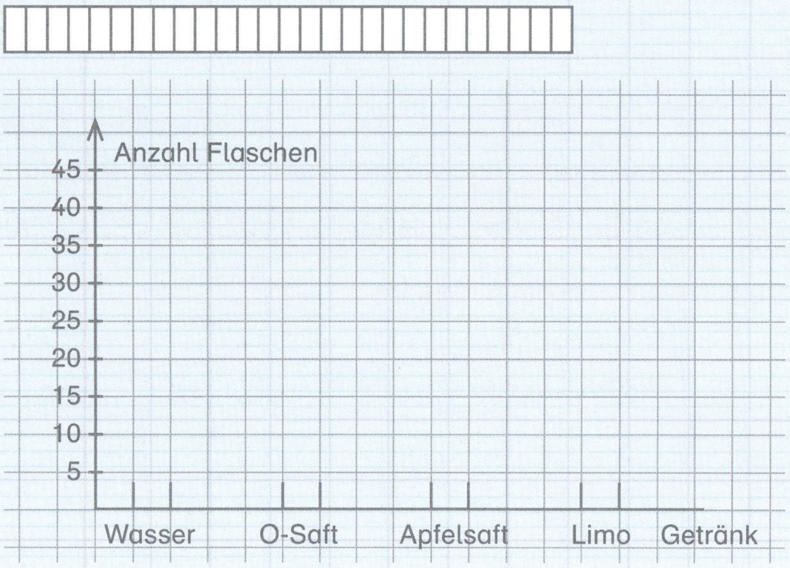

Überlege:

- In welchem Diagramm kannst du die Daten am übersichtlichsten darstellen?
- Überlege dir eine passende Einheit, zum Beispiel 5 Flaschen sind ein Rechenkästchen.
- Übertrage die Daten in das Diagramm.

Übertrage die Daten in die Diagramme auf der **Trainingskarte**.

Lieblingsessen der Klasse 2c

Pommes	Spaghetti	Salat	Pfann-kuchen	Milch-reis
卌	卌 卌 I	III	卌	III

Stelle die Anzahlen im Streifendiagramm dar.

Getränkeverkauf bei einem Schulfest (in Flaschen)

Wasser	O-Saft	Apfelsaft	Limo
45	25	25	15

Stelle die Anzahlen im Säulendiagramm dar.

Kannst du Daten aus Diagrammen ablesen?

Trainingskarte

Tabelle mit Strichliste	Streifendiagramm	Säulendiagramm
10 Kinder haben das Seepferdchen.	Von 22 Schülern sind 6 im Ballett.	Semra hat die meisten Punkte.
8 Kinder haben den Freischwimmer.	Von 22 Schülern sind 8 im Fußballverein.	Lisa hat genauso viele wie Tim.
Alle Kinder schwimmen gerne.	Von 22 Schülern sind 3 in keinem Verein.	Felix hat 5 Punkte mehr als Semra.
6 Kinder sind Nichtschwimmer.	Von 22 Schülern sind 7 im Schwimmverein.	Tim hat am meisten trainiert.

Überlege:

- Welcher Text gehört zu welchem Schaubild?
- Du liest jeden Satz. Du überprüfst, ob du die Daten im Schaubild wiederfindest.
- Wenn du die Daten ablesen kannst, ist die Aussage im Text richtig.

Schau dir die Diagramme an und unterstreiche die richtigen Aussagen auf der **Trainingskarte**.

Tabelle

Seepferdchen	Freischwimmer	Nichtschwimmer
𝍸 𝍸	𝍸 II	𝍸 I

Streifendiagramm

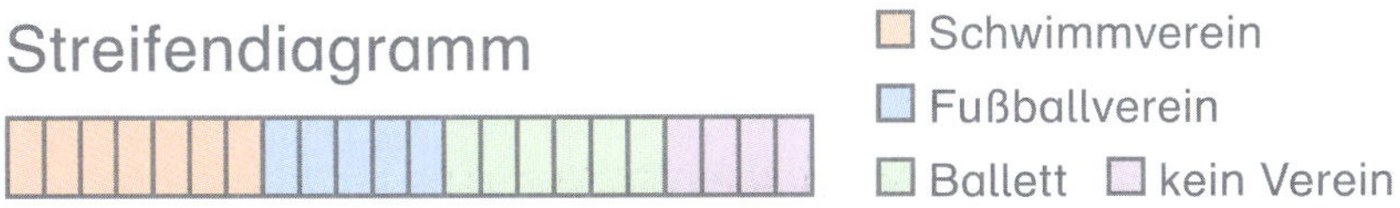

Säulendiagramm

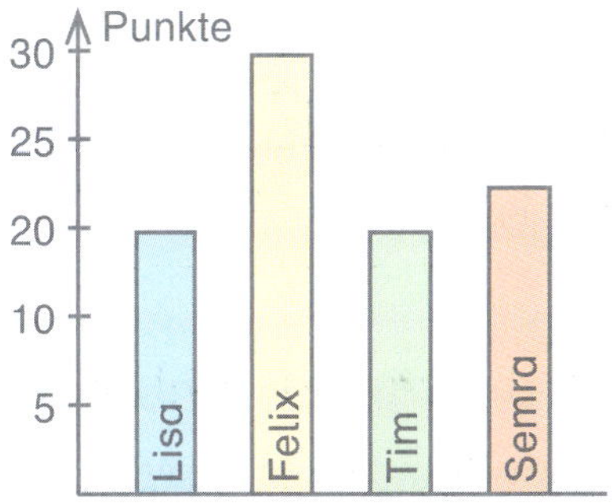

Abschlusstest

Löse zuerst alle Testaufgaben. Schreibe die Nebenrechnungen in dein Heft. Kontrolliere deine Ergebnisse im Lösungsheft. Male zu jeder Aufgabe nach der Kontrolle die Ampel so an:

 Hier ist alles richtig.

 Ich habe noch einige Fehler gemacht.

 Das übe ich noch einmal.

Aufgabe 1 Trage die fehlenden Zahlen ein.

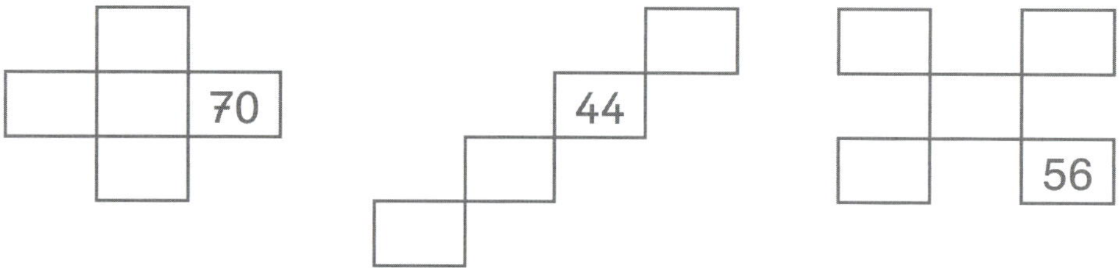

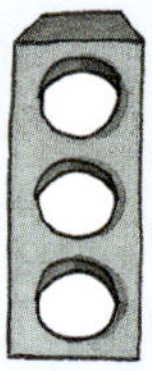

noch mal üben?

siehe Seite 12

Aufgabe 2 Markiere die Zahlen am Zahlenstrahl.

~~9~~ 19 34 59 89

14 29 43 61 98

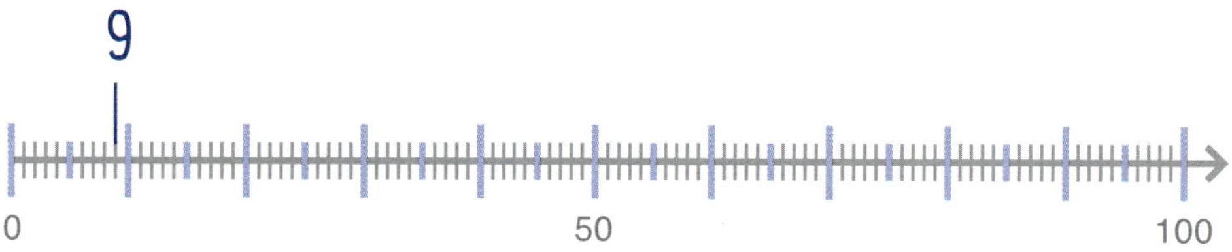

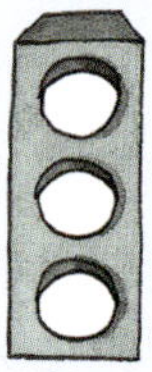

noch mal üben?

siehe Seite 13

Aufgabe 3 Setze das Muster fort. Rechne aus.

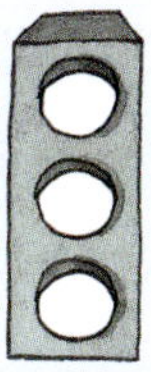

28 + 19 = ... 53 − 27 = ...

27 + 18 = ... 54 − 28 = ...

26 + 17 = ... 55 − 29 = ...

...... + ... = ... − ...... = ...

...... + ... = ... − ...... = ...

noch mal üben?
siehe Seite 60

Aufgabe 4 Ergänze.

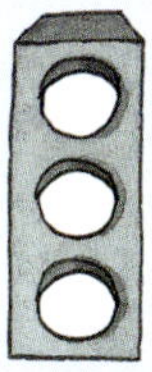

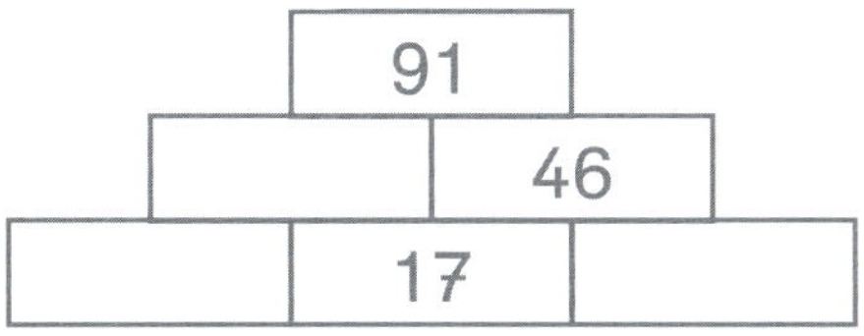

Trage die passenden Zahlen ein. Eine Zahl bleibt übrig.

11 75 25 36

14 39 57

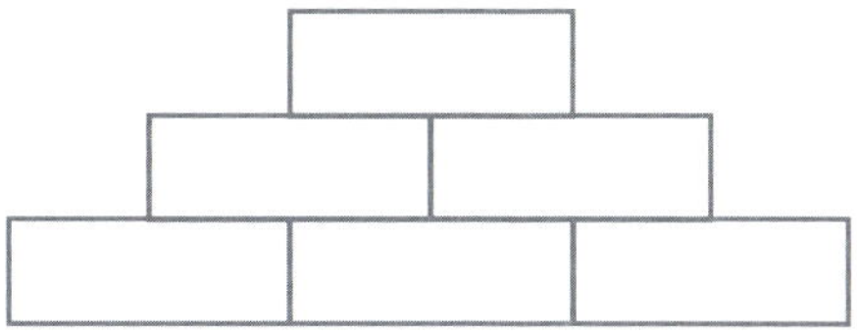

noch mal üben?
siehe Seite 19

Aufgabe 5 Setze <, > oder = ein.

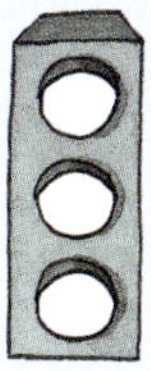

75 ◯ 57 56 + 19 ◯ 99 − 17

7 · 9 ◯ 64 56 : 7 ◯ 42 : 6

85 − 36 ◯ 6 · 8 35 + 27 ◯ 8 · 9

3 · 8 ◯ 6 · 4 36 : 9 ◯ 36 : 4

noch mal üben?
siehe Seite 10

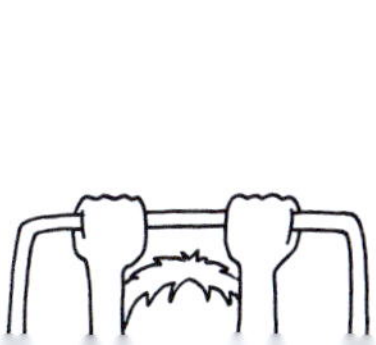

Aufgabe 6 Finde die Regel und ergänze.

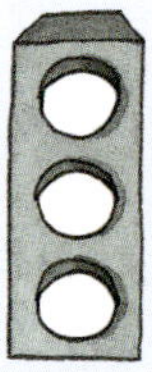

5, 19, 33, ..., ..., ..., ...

Regel: ....

96, 48, 24, ..., ..., ...

Regel: ....

noch mal üben?
siehe Seite 60/61

Aufgabe 7 Wenn ich zu meiner Zahl 52 addiere und das Doppelte von 6 subtrahiere, erhalte ich 87.

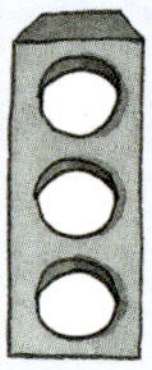

Meine Zahl heißt: ....

siehe Seite 39

Aufgabe 8 Wie viel Cent hat Pit in seinem Sparschwein?

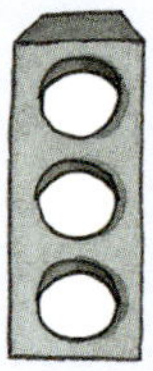

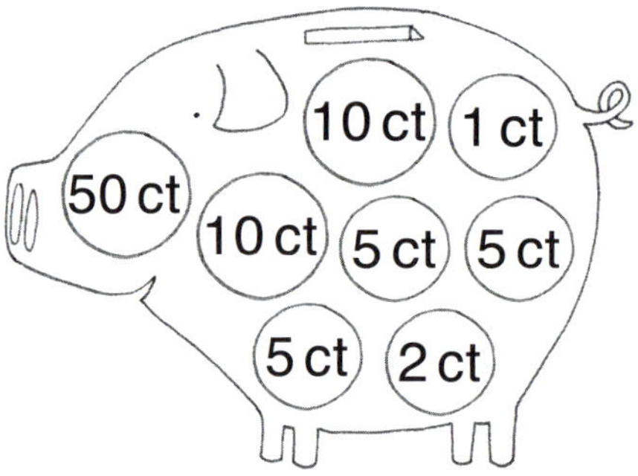

....

Pit tauscht die Centstücke in möglichst wenige Münzen um. Wie viele Münzen hat er dann?

Antwort: Pit hat .... Münzen.

noch mal üben?
siehe Seite 70

Aufgabe 9

Es ist jetzt 17.05 Uhr.

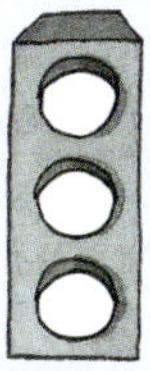

Trage die Zeiger ein.

Wie spät ist es:

45 min später? .... 30 min vorher? ....

noch mal üben?
siehe Seite 83, 86

Aufgabe 10

Herr Gärtner stellt einen Zaun auf. Der Zaun ist 20 m lang. In einem Abstand von 4 m schlägt er Pfosten in die Erde.
Wie viele Pfosten braucht er? Zeichne eine Skizze.

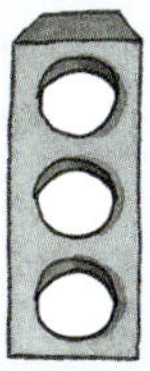

Antwort: Herr Gärtner braucht .... Pfosten.

noch mal üben?
siehe Seite 76, 80

Aufgabe 11

Die Klasse 2a fährt mit dem Bus ins Kino. Der Eintritt pro Kind beträgt 2 €.
Eine Tagesfahrkarte für 4 Kinder kostet 8 €.
Es sind 24 Kinder in der Klasse.

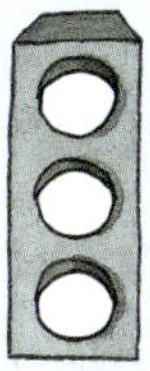

Berechne die Kosten für den Kinobesuch.

Antwort: Die Klasse 2a muss .... bezahlen.

In der Klassenkasse sind 72 €.
Wie viel muss jedes Kind noch bezahlen?

Antwort: Jedes Kind muss noch .... bezahlen.

noch mal üben?
siehe Seite 72

Aufgabe 12 Lina geht morgens um 7.45 Uhr aus dem Haus. Der Unterricht beginnt um 8 Uhr und dauert bis 13.00 Uhr. Sie braucht wieder eine Viertelstunde für den Heimweg.
Wie lange war sie von zu Hause weg?

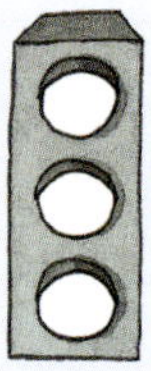

Löse mit einem Pfeilbild.

Antwort: Sie war .... von zu Hause weg.

noch mal üben?
siehe Seite 86, 94

Aufgabe 13 In der Klasse 2b haben die Kinder verschiedene Lieblingssportarten.
Lies die Anzahl der Kinder im Säulendiagramm ab und schreibe sie auf.

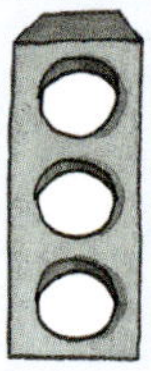

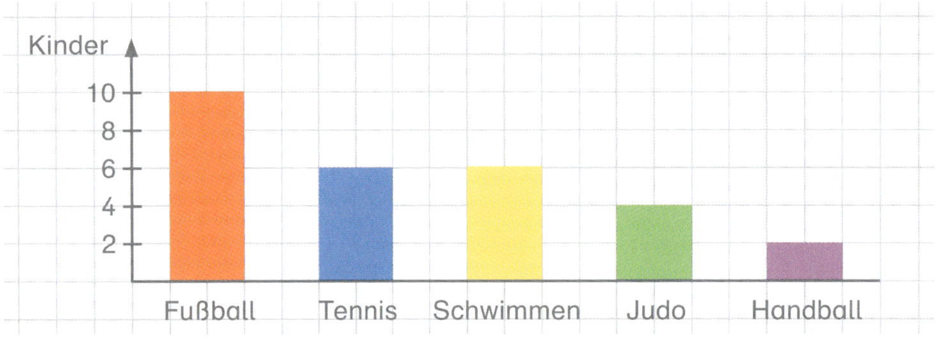

Fußball: .... Tennis: .... Schwimmen: ....

Judo: .... Handball: ....

Wie viele Kinder sind in der Klasse? ....

Wie viele der Kinder sind Mädchen? ....

noch mal üben?
siehe Seite 97

Aufgabe 14 Ergänze zu achsensymmetrischen Figuren.

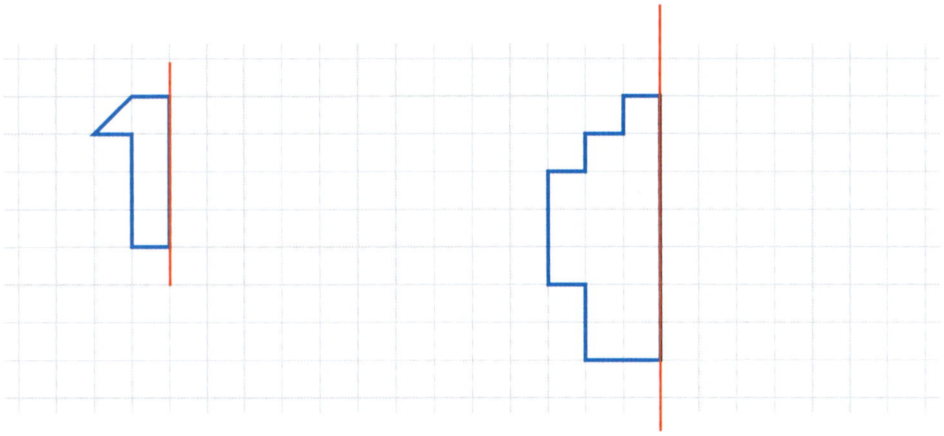

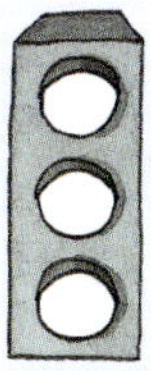

noch mal üben?
siehe Seite 50

Aufgabe 15 Welcher Bauplan passt zu welchem Würfelbau?

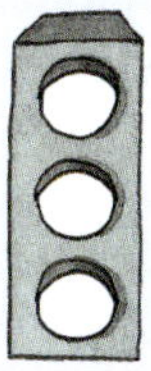

1

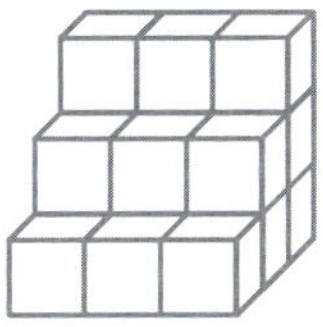

2

3

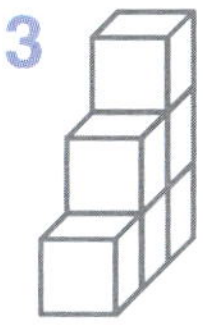

4

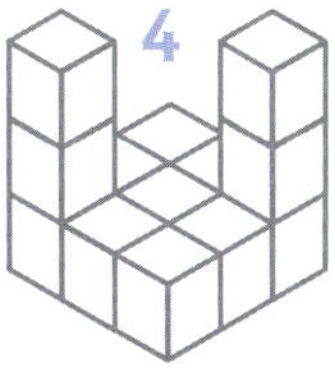

5

A

0	0	2
0	3	0
1	0	0

B

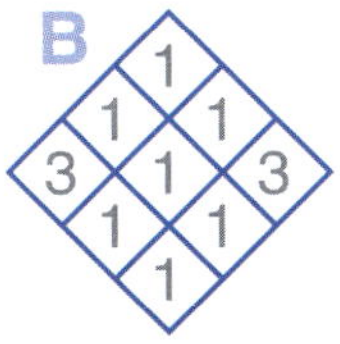

C

3	3	3
2	2	2
1	1	1

D

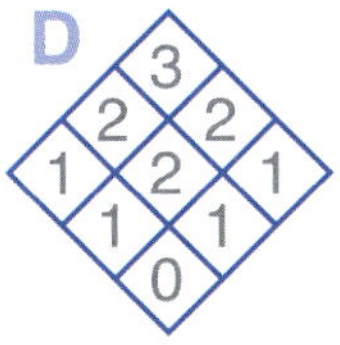

E

2	1	1	2
2	1	1	2
2	1	1	2

F

2	2	2
3	3	3
1	1	1

G

3	0	0
2	0	0
1	0	0

1 .... 2 .... 3 .... 4 .... 5 ....

noch mal üben?
siehe Seite 48

Dein Ergebnis bei den 15 Aufgaben:

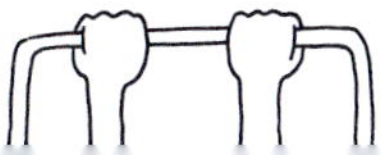

Fachbegriffe

E Einer
Z Zehner
H Hunderter

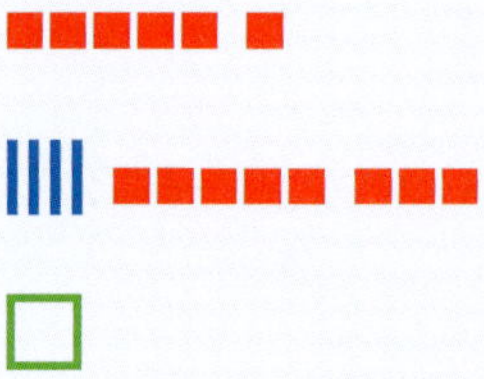

H	Z	E
		6
	4	8
1	0	0

< ist kleiner als 3 < 4

> ist größer als 4 > 3

= gleich 4 = 4

\+ Addition/plus
addieren, zusammenzählen, hinzufügen

6 + 3 = 9 Summand + Summand = Summe

– Subtraktion/minus
subtrahieren, abziehen, wegnehmen

9 – 3 = 6 Minuend – Subtrahend = Differenz

· Multiplikation/mal
multiplizieren, malnehmen

6 · 2 = 12 Faktor · Faktor = Produkt

: Division/geteilt durch
dividieren, teilen

12 : 2 = 6 Dividend : Divisor = Quotient

Maßeinheiten

Geld

Euro	**€**	
Cent	**ct**	1 € = 100 ct

1 € 25 ct = 1,25 €

50 ct = 0,50 €

Längen

Meter	**m**	1 m = 100 cm
Zentimeter	**cm**	1 cm = 10 mm
Millimeter	**mm**	

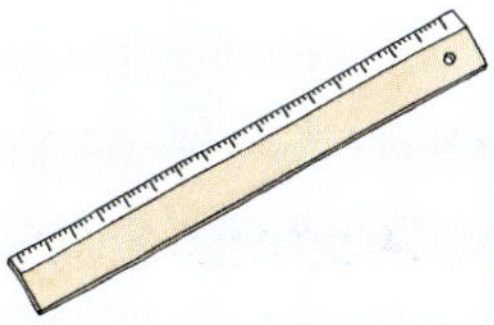

1 cm 5 mm = 15 mm

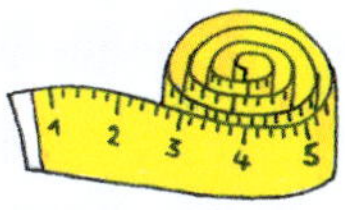

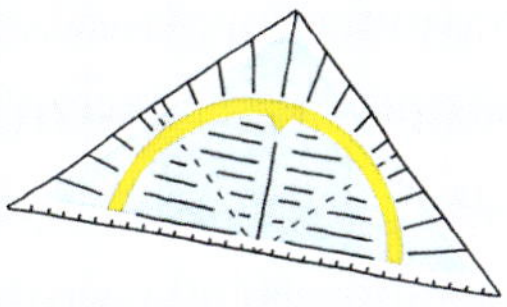

Zeit

1 Jahr = 12 Monate = 365 Tage oder 366 Tage

1 Monat dauert zwischen 28 und 31 Tage.

1 Woche = 7 Tage

Stunde	**h**	1 h = 60 min
Minute	**min**	1 min = 60 s
Sekunde	**s**	

1 h 30 min = 90 min

1 min 40 s = 100 s

Geometrie

Linien

Linie

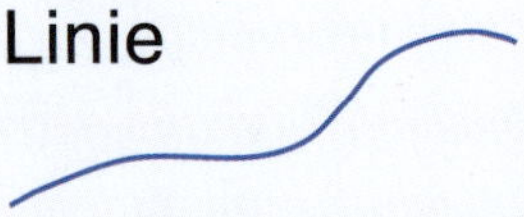

Gerade

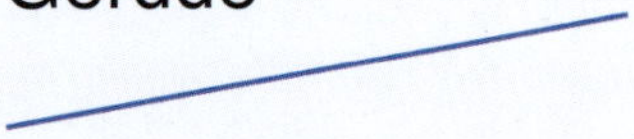

Strecke

parallel

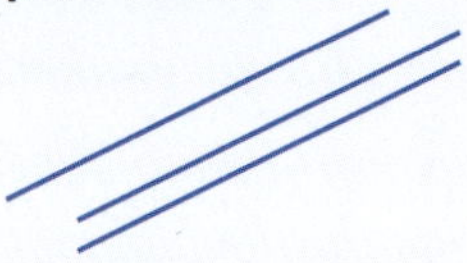

senkrecht

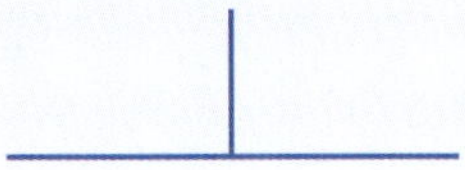

rechter Winkel

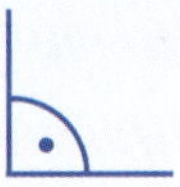

Ebene Figuren (Flächen)

Kreis

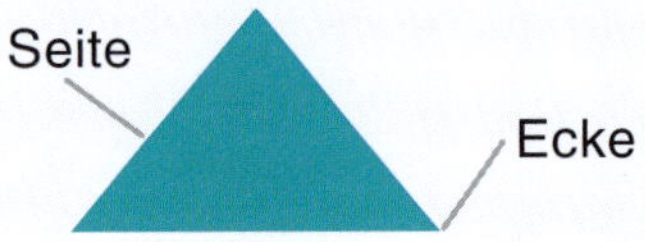

Dreieck

3 Ecken
3 Seiten

Viereck

4 Ecken
4 Seiten

Rechteck

gegenüberliegende Seiten gleich lang

Quadrat

4 gleich lange Seiten

Sechseck

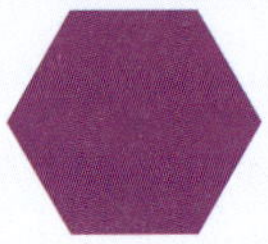

6 Ecken
6 Seiten

Achteck

8 Ecken
8 Seiten

Körper

Würfel

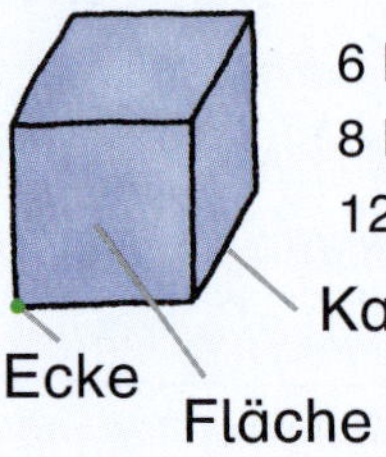

6 Flächen
8 Ecken
12 Kanten

Quader

6 Flächen
8 Ecken
12 Kanten

Kugel

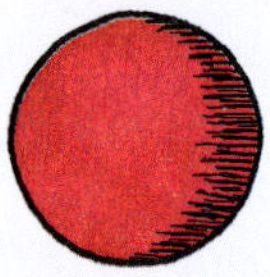

1 Fläche